未读 ADR | 探索家 |

少年中国科技·未来科学+丛书【第一辑】

办动物园可是个技术活儿

动物篇

（演讲）
沈志军/张劲硕/何长欢 等

格致论道／编

CTS K 湖南科学技术出版社
国家一级出版社 全国百佳图书出版单位

图书在版编目（CIP）数据

办动物园可是个技术活儿 / 格致论道编. -- 长沙 : 湖南科学技术出版社，2024.3
（少年中国科技·未来科学＋）
ISBN 978-7-5710-2722-3

Ⅰ. ①办… Ⅱ. ①格… Ⅲ. ①动物－青少年读物 Ⅳ. ①Q95-49

中国国家版本馆CIP数据核字（2024）第042874号

BAN DONGWUYUAN KE SHI GE JISHU HUOER
办动物园可是个技术活儿

编　　者：格致论道
出 版 人：潘晓山
责任编辑：刘竞
出　　版：湖南科学技术出版社
社　　址：长沙市芙蓉中路一段416号泊富国际金融中心
网　　址：http://www.hnstp.com
发　　行：未读（天津）文化传媒有限公司
印　　刷：北京雅图新世纪印刷科技有限公司
厂　　址：北京市顺义区李遂镇崇国庄村后街151号
版　　次：2024年3月第1版
印　　次：2024年3月第1次印刷
开　　本：880mm×1230mm　1/32
印　　张：6.375
字　　数：160千字
书　　号：ISBN 978-7-5710-2722-3
定　　价：45.00元

关注未读好书

客服咨询

本书若有质量问题，请与本公司图书销售中心联系调换
电话：(010) 52435752

未经书面许可，不得以任何方式
转载、复制、翻印本书部分或全部内容
版权所有，侵权必究

编委会

科学顾问（按姓氏笔画排序）：

汪景琇　张润志　欧阳自远　种　康

徐　星　黄铁军　翟明国

总策划： 孙德刚　胡艳红

主　编： 王闰强　王　英

成　员： 刘　鹏　曹　轩　毕宏宇　孙天任

葛文潇　谷美慧　张思源　茅薇行

温　暖　杜义华　赵以霞

推荐序

近年来，我们国家在科技领域取得了巨大的进步，仅在航天领域，就实现了一系列令世界瞩目的成就，比如嫦娥工程、天问一号、北斗导航系统、中国空间站等。这些成就不仅让所有中国人引以为傲，也向世界传达了一个重要信息：我们国家的科技水平已经能够比肩世界最先进水平。这也激励着越来越多的年轻人投身科技领域，成为我国发展的中流砥柱。

我从事的是地球化学和天体化学研究，就是因为少年时代被广播中的“年轻的学子们，你们要去唤醒沉睡的高山，让它们献出无尽的宝藏”深深地打动，于是下定决心学习地质学，为国家寻找宝贵的矿藏，为国家实现工业化贡献自己的力量。1957年，我成为中国科学院的副博士研究生。在这一年，人类第一颗人造地球卫星“斯普特尼克1号”发射升空，标志着人类正式进入了航天时代。我当时在阅读国内外学术著作和科普图书的过程中逐渐了解到，太空将成为人类科技发展的未来趋势，这使我坚定了自己今后的科研方向和道路，于是我的研究方向从“地”转向了“天”。可以说，科普在我人生成长中扮演了非常重要的角色。

做科普是科学家的责任、义务和使命。要想做好科普，就要将人文注入大众觉得晦涩难懂的科学知识中，让科学知识与有趣的内容相结合。作为科学家，我们不仅要普及科学知识，还要普及科学方法、科学道德，弘扬科学精神、科学思想。中华民族是一个重视传承优良传统的民族，好的精神会代代相传。我们的下一代对科学的好奇心、想象力和探索力，以及他们的科学素养与国家未来的科技发展息息相关。

“格致论道”推出的《少年中国科技·未来科学+》丛书是一套面向下一代的科普读物。这套书汇集了100余位国内优秀科学家的演讲，涵盖了航空航天、天文学、人工智能等诸多前沿领域。通过阅读这套书，青少年将深入了解中国在科技领域的杰出成就，感受科学的魅力和未来的无限可能。我相信，这套书将会为他们带来巨大的启迪和激励，帮助他们打开视野，体会科学研究的乐趣，感受榜样的力量，树立远大的志向，将来为我们国家的科技发展做出贡献。

欧阳自远

欧阳自远
中国科学院院士

推荐序

近年来，听科普报告日益流行，成了公众社会生活的一部分，我国也出现了许多和科普相关的演讲类平台，其中就包括由中国科学院全力打造的“格致论道”新媒体平台。自2014年创办以来，“格致论道”通过许多一线科学家和思想先锋的演讲，分享新知识、新观点和新思想。在这些分享当中，既有硬核科学知识的传播，也有展现科学精神的事例介绍，还有人文情怀的传递。截至2024年3月，“格致论道”讲坛已举办了110期，网络视频播放量超过20亿，成为公众喜欢的一个科学文化品牌。

现在，“格致论道”将其中一批优秀的科普演讲结集成书，丛书涵盖了多个热门科学领域，用通俗易懂的语言和丰富的插图，向读者展示了科学的瑰丽多彩，让公众了解科学研究的最前沿，了解当代中国科学家的风采，了解科学研究背后的故事。

作为一名古生物学者，我有幸在“格致论道”上做过几次演讲，分享我的科研经历和科学发现。在分享的过程中，尤其是在和现场观众的交流中，我感受到了公众对科学的热烈关注，也感受到了年轻一代对未知世界的向往。其实，公众对科普的需求，对科普日益增加的热情，我不仅在“格致论道”这一个新媒体平台上，而且在一些其他的科普演讲场所里，都能强烈地感受到。

回想二十多年前，我第一次在国内社会平台上做科普演讲，到场听众只有区区几人，让组织者感到很尴尬。作为对比，我同时期也在日本做过对公众开放的科普演讲，能够容纳数百人甚至上千人的报告厅座无虚席。令人欣慰的是，随着我国经济社会的发展，公众对科学的兴趣越来越大，越来越多的家庭把听科普报告、参加各种科普活动作为家庭活动的一部分。这样的变化是许多因素共同发力促成的，其中一个重要因素就是有像“格致论道”这样的平台持续不断地向公众提供优质的科普产品。

再回想1988年我接到北京大学古生物专业录取通知书的时候，连这个专业的名字都没有听说过，甚至我的中学老师都不知道这个专业是研究什么的。但今天的孩子对各种恐龙的名字如数家珍，我也收到过一些“恐龙小朋友”的来信，说长大以后要研究恐龙。我甚至还遇到这样的例子：有孩子在小时候听过我的科普报告或者看过我参与拍摄的纪录片，长大后选择从事科学研究工作。这说明，我们日益友好的科普环境帮助了孩子的成长，也促进了我国科学事业的发展。

与此同时，社会的发展也给现在的孩子带来了更多的诱惑，年轻一代对科普产品的要求也更高了。如何把科学更好地推向公众，吸引更多人关注科学和了解科学，依然是一个很有挑战性的问题。希望由“格致论道”优秀演讲汇聚而成的这套丛书，能够在这方面发挥作用，让孩子在学到许多硬核科学知识的同时，还能够帮助他们了解科学方法，建立科学思维，学会用科学的眼光看待这个世界。

徐　星

中国科学院院士

目录

多识于鸟兽草木之名

张劲硕
中国科学院动物研究所国家动物博物馆副馆长

“多识于鸟兽草木之名”这句话出自哪里呢？如果大家读过《论语》，可以在《阳货篇》中找到这么一段：“子曰：小子，何莫学夫《诗》?《诗》，可以兴，可以观，可以群，可以怨。迩之事父，远之事君，多识于鸟兽草木之名。”面对“小子”——他的学生，孔夫子讲的这段话是什么意思呢？他是在问学生们，你们为什么不读《诗经》呢？读了《诗经》以后，就可以掌握一套方法。这套方法能激发你的志气，能让你具有观察周围事物的能力，能让你有社交的能力，可以和周围的小伙伴和谐相处，也能让你掌握一种批评的方法，拥有针砭时弊的能力。近可侍奉父母，远可侍奉君主。最后，孔夫子讲“多识于鸟兽草木之名”。这句话听着比较简单，但仔细琢磨后会发现它意义深刻，非常重要。

汉字中蕴藏着生物分类学

孔子说，从《诗经》中可以知道很多鸟兽草木的名字。《诗经》开篇第一首诗的前两句是“关关雎鸠，在河之洲。窈窕淑女，君子好逑”。我们可能不太了解什么是雎鸠，但当诗人站在河边听到一种鸟发出“关关”的叫声时，他就联想到了窈窕淑女——漂亮的女子。

鹗，俗称鱼鹰

雎鸠到底是什么呢？其实它不是今天我们在早上听到的像鸽子一样发出“咕噜咕噜”叫声的斑鸠。那它是什么呢？它的中文正名是鹗，俗称鱼鹰；当然，有人将鸬鹚也称为鱼鹰。

现在，很多人看到猛禽就叫老鹰，这是件十分遗憾的事情，而我们的古人会给动物起很多名字。我国的古人非常有水平，他们很早就开始研究动物分类，从汉字的特点就可见一斑:鹰、雕、隼、鹗、鸢、鹞、鹫、鹭、鸮、鸺鹠……不同的字形说明，在古人的眼里它们可不全都是老鹰。

金丝雀

汉字中还有鸟字旁、虫字旁、鱼字旁、鼠字旁、马字旁……在鸟类中，尾巴比较短的就是雀，“雀”这个字的下边是“隹（zhuī）”，而在《说文解字》中，“隹”的意思就是短尾巴的鸟。

猎豹

汉字中还有反犬旁和豸（zhì）字旁。古人把长得像狗的动物名称归到反犬旁，把长得像猫的动物名称归到豸字旁，比如金钱豹的豹就是豸字旁。虽然“貓”后来被改成反犬旁的“猫”，但我们依然可以通过汉字深刻地理解古人的智慧。

从古代产生象形文字起，我们的老祖宗们就开始进行一项工作——分类。“多识于鸟兽草木之名”不仅是去观观鸟，看看兽，认认花草，更重要的是，当你对一草一木、一虫一鱼、一鸟一兽都有所了解以后，你就能写诗和作文了：可以借用小蚂蚁表示自己很柔弱，用一只猛禽代表你很强悍，可以用动植物打比方、作比喻。

当你读过《诗经》，认识到自然界中有这么多动植物时，你就能写出更好的诗词和文章了，甚至还能陶冶情怀。这就是“多识于鸟兽草木之名”非常重要的作用。此外，通过了解各种各样的动植

蚂蚁

物知识，我们可以厘清今天科学层面上的分类学系统，并掌握一套学习方法，这是非常有意思的。

清朝的康熙皇帝曾组织编撰《全唐诗》，收录了所有的唐诗共计四万八千九百多首。现在真正保存下来的唐诗差不多是五万五千首，在这五万多首唐诗当中，专门写鸟的唐诗就有将近七千首。“多识于鸟兽草木之名”的重要性可想而知。

大家都听过“两个黄鹂鸣翠柳，一行白鹭上青天”，这句诗很有意境。古人打开窗户就能看到黄鹂，出了门就能看到白鹭。但在今天，你打开窗户的时候能看到黄鹂吗？我们今天生活的环境跟古人生活的环境不可同日而语。今天大家可以拿着手机、平板电脑，看各种图像视频。古人虽然没有这些，但是他们的生活环境充满鸟语花香，而我们今天跟大自然却渐行渐远。

古人写的很多诗词都与自然有联系，跟各种各样的动物、植物有关系。了解这些动植物能够让我们的心情、状态甚至心境变得更好。

黄鹂（左），白鹭（右）

科学分类法的诞生

汉字的偏旁部首，可以说是四五千年前古人对鸟兽草木进行分类的一种方式。然而，我们今天是否还需要继续做这样的分类呢？尽管今天我们使用的科学分类系统与古人的分类非常相似，但它出现的时间却晚得多。

英国博物学家约翰·雷（John Ray，1627—1705）是西方第一个提出分类学的科学家。17世纪中叶，他引入了分类学的思想。面对自然界众多动物和植物，他思考："是否可以将它们归类于不同的群体？"比如，鸟类归属于鸟纲，哺乳动物则属于兽纲。他就这样首次提出了"分类学"的概念。

每过一百年，分类学或进化生物学界都会出现一位伟大的科学家。第二位伟大的科学家出现在18世纪，他是瑞典的生物学家卡尔·林奈（Carl Linnaeus，1707—1778）。他以一门已逝的语言——

拉丁语为动物和植物命名，并创立了双名命名法。从此，按照这样的方法，每个被人类正式发现或描述的物种都必须拥有唯一的科学名称，即学名。以人类为例，我们的学名是“*Homo sapiens*”（智人），意为“有智慧的人类”。其中，“*Homo*”是我们的属名，“*sapiens*”则是种加词（或称种本名），表示智慧。将两个词组合在一起，就形成了一个物种的学名。

又过了一百年，19世纪出现了另一位伟大的生物学家，他就是查尔斯·罗伯特·达尔文（Charles Robert Darwin, 1809—1882）。在达尔文还只有二十岁出头的时候，他就随着“小猎犬号”周游世界。1835年，他抵达了一个非常有名的地方，那就是加拉帕戈斯群岛。在那里，他目睹了岛上众多不同种类的象龟，它们的体形、大小和状态各不相同。后来，在1859年，他正式出版了一本名为《物种起源》的书。

也就是说，在达尔文之前，人们普遍认为人类是神创造的，然而达尔文提出了人类由进化和演变而来，并非某个创造者的作品。如果说有所创造，那一定是大自然完成的。这正是生物演化的观点。

和之前提到的那些中国古代学者一样，达尔文不断深入大自然，观察各种动植物、矿物和岩石，甚至包括恐龙化石，并将它们收集起来。这些标本如今陈列在英国伦敦自然历史博物馆（Natural History Museum, London），这个博物馆的藏品数量达到几千万件，都是几代博物学家、科学家的努力所得。

又过了一百年，出现了一位非常卓越的生物学家，他的名字是恩斯特·迈尔（Ernst W. Mayr, 1904—2005）。他提出了“生殖隔离”的观点，并为生物学中的物种概念做出了真正的贡献。换句话说，你与猫或狗不属于同一物种，是因为你们无法交配繁殖。马和驴虽然可以交配，但它们的后代骡子无法再繁殖后代，因此马和驴之间

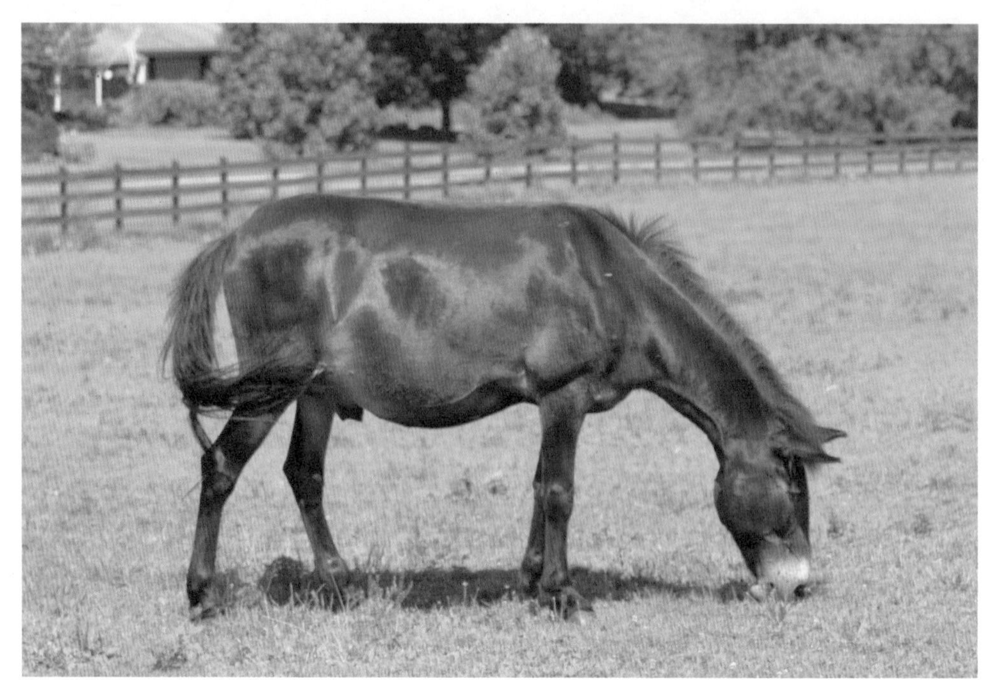
骡子

仍然存在生殖隔离。这就是种的概念。

种的概念之下便是亚种（subspecies）。大家或许听说过马来虎、印支虎、东北虎、华南虎、苏门答腊虎、爪哇虎、里海虎等多种虎的名字。然而全世界有几种虎呢？只有一种，它被称为“虎”，你也可以叫它“老虎”。老虎是动物界的一个种，而其下存在9个不同的亚种，它们之间可以相互繁殖，但有3个亚种已经彻底灭绝了。这便是种和亚种的概念。

因此，恩斯特·迈尔是一位非常了不起的生物学家，他与迪奥多西·杜布赞斯基（Theodosius Dobzhansky, 1900—1975）、乔治·盖洛德·辛普森（George Gaylord Simpson, 1902—1984）等科学家共同成为现代综合进化论的奠基人。在达尔文之后，我们将遗传学、分子生物学等引入生物学研究，从而形成了现代综合进化论。这为西方建立了一套科学分类和演化系统关系。

分类和比较是学习方法

中国人建立博物学系统比西方早得多，而且中国人更注重人与自然的交流，以及人与野生动物的关系。我们应该多到大自然中去，“多识于鸟兽草木之名”。因为生活在这个世界上的不仅仅有我们人类，还有共同栖息在地球上的许多其他生命。

喜鹊和乌鸦都是鸦科鸟类

在小区中，你可能会看到麻雀、喜鹊、乌鸦，但你是否曾注意到麻雀身上的哪一部分是黑色的？又是否留意过北京地区的大嘴乌鸦、小嘴乌鸦、秃鼻乌鸦、白颈鸦、达乌里寒鸦等种类，它们到底有什么区别？甚至，你可能想象不到，喜鹊也属于鸦科鸟类！那么，你是否观察过它们之间的形态和行为上的差异呢？有没有去了解它们生活的世界呢？

当你对这些事物有所了解时，就意味着你正在观察这个世界。因此，自然观察和分类学为我们提供了重要的学习方法。当你“多识于鸟兽草木之名”时，你就掌握了这样一套方法。

我们不能只凭书本知识，而需要亲身走进自然环境中实践。在今天，我们往往习惯低头盯着手机，但你是否曾仰望星空？是否曾欣赏过天上的星星和月亮？因此，走进大自然是一件值得去做的事情，对我们的身体和心理都有益处。作为人类，我们本身就是动物界的一员，因此亲近动物、亲近自然是我们的天性，是自然的属性。

还有一点非常重要。当你观察自然界中的鸟兽虫鱼时，你一定会比较它们。比较也是一种重要的方法，然而很多同学从未自己比较研究过。爸爸妈妈可能告诉你一种东西可以吃，而另一种东西不能吃，但你只知道它们是否能吃，又是否比较过可食用的东西在哪方面有共同点？又是什么原因导致某些东西不能食用？这就需要你将眼前看到的各种杂乱事物放在一起进行比较。

因此，当我们使用望远镜观鸟时，我们就开始了比较学习的过程。过去，你可能认为麻雀只是一种普通的鸟类。然而，现在当你拿起望远镜和观鸟手册这些工具时，你可以辨别出树麻雀、家麻雀、山麻雀、鹦嘴麻雀等不同种麻雀是有很多差异的。你会发现，过去你忽略了很多细节，错过了很多信息。

这对每个人来说都是一种学习能力。你需要拥有使用望远镜、观鸟手册等工具，以便自己进行探索和研究。这个过程非常有意义。因此，我希望大家“多识于鸟兽草木之名”，多多认识和了解自然界。

观察自然给人一生的乐趣

有一个小朋友，很小的时候就对动物特别感兴趣。在他年幼时爸爸带他去了北京动物园和北京自然博物馆。随着年龄的增长，他开始阅读有关动物的书籍，并学着用望远镜观察鸟类。当他上大学后，他开始思考自己应该从事什么样的职业。于是，他给中国科学院动物研究所的一位科学家写了一封信。

这位科学家专门研究蝙蝠，所以在这封信中，上了大学的“小朋友”向科学家提出了许多问题：为什么有的蝙蝠喜欢吃水果？为什么有的蝙蝠喜欢吃各种各样的昆虫？蝙蝠是否有益处？是否能为人类提供帮助？他问题多多，因此这位科学家邀请他到中国科学院动物研究所参观和学习。他开始跟随科学家一起爬山、探索山洞，了解各种野生动物。在这个过程中，他看到了各种各样的蝙蝠。

2003年，他捕捉到一只蝙蝠，这只蝙蝠的耳朵非常宽大，因此当时他认为这是亚洲宽耳蝠。然而，现代生物学DNA技术的检测结果却让人惊讶：这只蝙蝠与通常所说的亚洲宽耳蝠完全不同。它们的某些基因的差异竟然达到了30%。这个发现一下引起了他的注意。

因此，他决定继续研究这只蝙蝠，研究它的头骨、耳朵、叫声。最终，他和合作伙伴们得出了一个结论：这只蝙蝠并非亚洲宽耳蝠，而是一种科学家们尚未发现和命名的全新物种，他决定给它起名为北京宽耳蝠（*Barbastella beijingensis*）。

这个故事告诉我们，在观察自然的过程中，最大的乐趣在于令自己得到满足。这种意外的、随机的收获（random harvest），是你事先无法想到的收获。无论做任何事情，都需要提前准备，思考可能的预期结果。同时，在观察过程中一定要记录，可以通过纸笔，也可以使用相机拍摄，哪怕用手机简短记录几句话，也不失为一种记录方式。

这些方法不仅可以应用于观察鸟兽虫鱼，还能更好地用在语文、政治、英语、数学、物理、化学的学习上，因为这些科目的学习方法都是相通的。

所以，最后我想告诉大家的是，在亲近自然、了解自然的过程中，一方面我们可以深入了解中国博大精深的文化，认识到古人的智慧；另一方面我们也能掌握现代的科学知识和科学方法，在学习过程中事半功倍，取得更好的成绩。然而，更重要的是获得内心的喜悦、舒适和快乐。

当年发现北京宽耳蝠的这个人，他长大以后仍然从事动物学研究，继续在国家动物博物馆中从事科普工作。这个人就是我。我从这些经历中获得的快乐和满足无法言喻，能像达尔文、林奈那样发现新的物种，这是一种莫大的欣慰。这种喜悦激励着我继续投身于动物学研究，不断探索自然界的奥秘。

“多识于鸟兽草木之名”，最重要的是让人一生都感到快乐。我们应该像那些动物一样，找到自己在大自然中的生态位，明确自己的位置和角色。

所有人都可以博学，但是更重要的是博爱，最终才一定会博雅、博趣。因此，“多识于鸟兽草木之名”是一件值得所有人去做的事情。

思考一下：

1. 林奈发明的双名命名法是怎样给物种命名的？
2. 回想一下，你曾因为认识了哪一个新物种而高兴过？
3. 你觉得多认识一些物种对学习生活有什么好处？

演讲时间：2022.7
扫一扫，看演讲视频

办动物园可是个技术活儿

沈志军
南京红山森林动物园园长

打造动物的“快乐星球”

2013年，南京红山森林动物园发布了一则招聘信息，要求饲养员拥有硕士研究生学历。这则招聘信息引发了公众热议：饲养员不就是一个铲屎、喂饲料的吗？要求研究生学历岂不是大材小用？甚至有些网友质疑红山森林动物园是在搞噱头。

其实，在现代动物园里，一个出色的饲养员首先应该是具有动物自然史、植物学、生理学、心理学、行为学、营养学、生态学、医疗防疫、繁殖育幼等多学科交叉专业背景的“学霸”，他们要熟练掌握饲养员所需的理论基础和现代动物园管理的技能体系。同时，饲养员还要具备良好的表达、沟通能力和亲和力。作为动物园的“教

给动物制作丰容玩具、丰容食物，还要和动物一起做行为训练，好的饲养员需要具备很多知识和技能

育大使”，饲养员要能向公众传递生物多样性的重要性，帮助人们建立对生命的尊重和对自然的敬畏之情，以及人与自然和谐相处、永续共存的认知。

现代动物园已经不再是传统认知中的娱乐或者猎奇的场所，它们拥有四大职能：物种保护、公众教育、科研和文化休闲。

现代动物园是综合的保护机构，为野生动物提供科学、专业的照顾，在这里它们能像在野外一样快乐幸福地生活，而且能够繁衍生息。我们要把动物园打造成动物的“快乐星球”，因此需要高素质、高能力的人才担任饲养员工作。

为“大猫”找快乐

怎样才能体现出现代动物园的价值和责任使命呢？首先，我们要科学、专业地照顾这些野生动物。

那么，具体该怎么做呢？我们就以猫科动物为例来讲一讲。

红山森林动物园的旧猫科馆只有冰冷的铁笼子和水泥地，本就高冷的大猫在这里显得更加“孤独、寂寞、冷”。

红山森林动物园新（左）旧（右）猫科馆对比

2020年，红山森林动物园建成了新的中国猫科馆。这个场馆因地制宜，把大红山南坡的一部分保留下来规划给大猫，充分利用了红山山体和森林资源，保存了山里原有的岩石和植被。大猫是猛兽，为了确保安全，我们将它们的家建成全封闭形式，但同时又利用了人类的视错觉原理，巧妙地将绳网、笼网隐蔽起来。

在这样的环境中，游园的人们会感觉大猫们仿佛就在野外，这样的参观过程能够让游客想起野生动物和野外自然环境的关联，同时也能真切感受到动物的野性之美。

猫科馆全贯通的设计手法可以称为“360设计”。我们用通道把所有的功能区（包括9个卧室、2个客厅和9个外面的花园）全部串联起来。在饲养员的引导下，大猫们每天都能来一场“说走就走的旅行”，让它们有更多期待和新鲜感。

2020年，我们将这个场馆的设计提交给ZooLex平台。ZooLex是

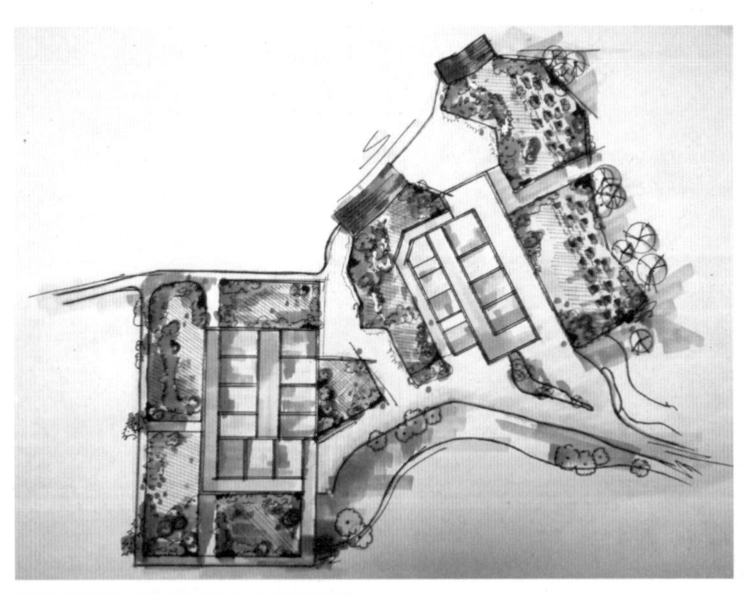

新猫科馆的通道设计将全部功能区串联起来

世界动物园与水族馆协会（WAZA）官方认证的一个专业平台，致力于收录世界各地动物园的优秀展区设计。2021年6月17日，红山森林动物园的猫科馆设计通过了审核，被展示在ZooLex的官方网站上。这是中国大陆首个被ZooLex收录的设计。

考虑到大多数猫科动物在野外都是独居的，每只大猫都有自己的领地。因此在场馆内，我们每天让每只大猫独享一个花园，它们可以像走华容道一样，各自在不同的运动场之间旅行。

这种设计有什么好处呢？在同一个花园中，金钱豹和猞猁能在不同时间享受同样惬意的生活。它们每次交换的时候都会留下自己的信息，包括荷尔蒙、体味在内的化学信息。

这种行为是大猫们的天性，它们以此作为自己的标识，让其他的个体了解自己的存在，或者向其他个体宣示“这是我的地盘”。它们每到一个新的场地，都会用自己特有的方式做一些标记，留下

每天每只大猫都独享一个花园

自己的气味。下一只大猫来的时候，它就会闻到上一只留下的气味，它会很兴奋。闻到气味后，它可能会想：“昨天是不是有个小姑娘来过这里？”或者：“我的情敌是不是在这里？”

我们还在猫科馆中建设了“天猫通道”。天猫通道是“360设计”的一个重要环节，它可以让大猫从一个空间移动到另一个空间。当游客在通道下方走过的时候，我们仰视大猫，大猫也以高猛而威严的姿态俯视我们人类，展现出它们的“王之蔑视”。

在这个过程中，大猫也会用自己的尿液留下标记。穿过天猫通道时，偶尔会有“幸运”的游客被淋到。为此，我们别出心裁地设计了一块“天降甘霖，小心被淋”的牌子，以这种幽默的方式提醒大家。

尽管很多人认为饲养员的工作实在轻松愉快，没有什么难处，但实际上，一个好的饲养团队需要让动物的行为和状态无限接近野外的状况，真正架起一座野生动物和动物保护之间的桥梁。

“天猫通道”

我们的饲养员挖空心思为动物们制定了丰容计划表。什么是丰容呢？丰容就是让动物的生活环境更加丰富多彩，让它们有更多机会面对不同的事物和环境，获得更多的刺激和挑战，让它们的行为更加自然、自信和从容。因此，饲养员每天都要给它们带来一些变化。

饲养员经常用不同的容器把食物藏起来，让动物们像在野外一样寻觅食物。在它们过生日的时候，饲养员还会给它们寄“快递”，它们不知道快递盒子里面到底装的是什么，其实里面是它们的“生日蛋糕”。大猫对气味非常敏感，我们有时会给它们提供一些芳香的植物，例如考拉爱吃的桉树叶，这种植物就有着特别的气味；有时我们还会给它们喷一点儿各种品牌的“香水”，我们称之为“神仙快乐水”。

在野外，捕猎是大猫们为了生存产生的天性本能。它们在野外每天面对不同的挑战，需要攀爬、逐猎、冲刺和奔跑。在动物园里，我们也要保持它的野性，不让它们的天性退化。

这就需要我们的饲养员练就“一身轻功”，要会飞檐走壁、腾挪跳跃。饲养员把食物挂得越高，藏得越隐蔽，大猫们才越有兴趣玩耍。

在动物园里当“红娘”

为了食物而捕猎是大猫在野外的本能之一。除此之外，它们还有繁殖的本能，就是要把自己的基因延续下去。在动物园里，我们一方面要关心它们的生活是否快乐，另一方面我们还要做“红娘”，要让物种得以延续，同时为这个种群的健康发展而努力。

动物园该如何为这些动物的繁衍提供支持呢？大家可能会认为

火烈鸟

公红鹮和母红鹮轮流孵卵

动物们的繁殖是件很简单的事：公的母的放在一块儿，它们不就会繁殖了吗？事实远非如此。

《木兰辞》里有一句诗，“双兔傍地走，安能辨我是雄雌”，连兔子的雌雄都难以分清，更何况是一些鸟类？和会开屏的雄性孔雀不同，很多鸟类其实没有性别二态性，从外观上分不出雌雄，比如火烈鸟和红鹮（huán）。

大家不要以为趴在窝里孵卵的是母红鹮，其实公红鹮和母红鹮有时会轮流孵卵，我们根本就分不清楚谁是爸爸，谁是妈妈。

在动物园里也发生过一些乌龙事件。比如，有一对丹顶鹤形影不离，我们以为它们配对成功了。第一年，其中一只丹顶鹤生了一个蛋，但没有成功孵化。到了第二年，另一只也生了一个蛋。这时候我们才知道，原来它们是一对“闺密”而不是情侣。再举一例，很多年前红山动物园有一批东方白鹳，奇怪的是它们只筑巢，不产卵。这令人感到困惑，到底是怎么回事呢？后来通过技术手段检测才知道，这群东方白鹳清一色是“纯爷们儿”。

东方白鹳

类似的乌龙事件困扰着我们，如果一直找不到方法准确鉴别动物们的性别，它们的种群延续就会遇到巨大障碍。所以我们一直在思考：该用什么样的方式鉴定它们的性别呢？

后来我们找到了PCR（聚合酶链式反应）[1]技术，它可以复制和扩增少量基因，像放大镜一样，让我们能够发现它们基因之间存在的不同。我们用这种技术找出了鸟类性别基因里的差异。

有了这项技术，我们在动物小时候就可以开始鉴别它的基因，分清楚谁是雄性，谁是雌性。这为我们的饲养员从幼年时期就开始培养动物的感情提供了便利，可谓“小时青梅竹马，今后喜结良缘”。

在鸟类幼年时，我们一鉴定出它的性别，就会给它戴上一个有编号的环志，雄性是单号，雌性是双号；此外环志的位置也不同，雄性戴在左脚上，雌性戴在右脚上。这样的标识便于我们进行种群管理。

1 一种用于放大扩增特定的DNA片段的分子生物学技术，它可看作生物体外的特殊DNA复制，PCR的最大特点是能将微量的DNA大幅增加。

母鹤鸵（左）和鹤鸵幼鸟（右）

确定鸟类的性别之后，我们的任务就是让它们多多繁殖，为种群的复壮做贡献。这对我们来说又是一个新的课题。

鹤鸵是一种生活在澳大利亚东北部的古老走禽。它非常凶猛，甚至能轻松踢穿5毫米厚的钢板，所以被称为世界上最危险的鸟类。鹤鸵的饲养难度很大，在国内的繁殖已经断档多年，国际上也少有繁殖记录可查。

鹤鸵在野外的繁殖机制是走婚制。公鹤鸵和母鹤鸵相遇后开始恋爱，然后结为伴侣并生蛋。鹤鸵妈妈生完蛋后所有的任务都是鹤鸵爸爸的，爸爸负责孵蛋、带娃，妈妈接着出去寻找伴侣、生下一窝蛋。在一个繁殖季，母鹤鸵可以生2～3窝蛋。

我们希望利用这样的繁殖机制促进鹤鸵种群数量的增加。当母鹤鸵生完第一窝蛋之后，我们会把蛋取出，让它再生第二窝蛋。通过人工孵化第一窝蛋的方式，促进这个种群数量增加。

我们查阅了很多资料，却查不到如何人工孵化鹤鸵，国内外的文献也没有鹤鸵孵蛋期间各种数据的记录。此外，公鹤鸵性格凶猛，如果我们在孵化期间在窝里放置小传感器，它可能会察觉，然后一脚把传感器踢走。因此，我们开始研究如何获取鹤鸵孵蛋期间的各种数据。

（左图）真鹤鸵蛋和假鹤鸵蛋，（右图）放入传感器的假鹤鸵蛋

于是我们想办法制作了一枚假蛋，并把传感器放到假蛋里。制作这枚假蛋的一个关键就是它的重心不能像不倒翁玩具一样，永远在一个地方，否则鹤鸵爸爸在翻蛋的时候，就会发现这个东西是枚假蛋而不是自己的孩子，“啪”地一脚就把它踢出去了。

利用这些创意和诀窍，我们在两年时间里获得了宝贵的数据，

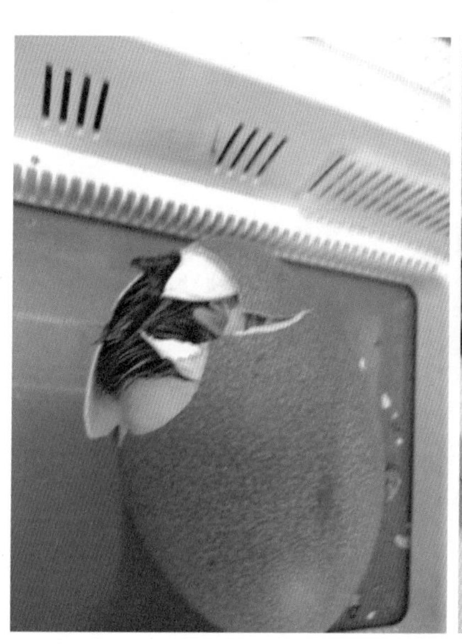
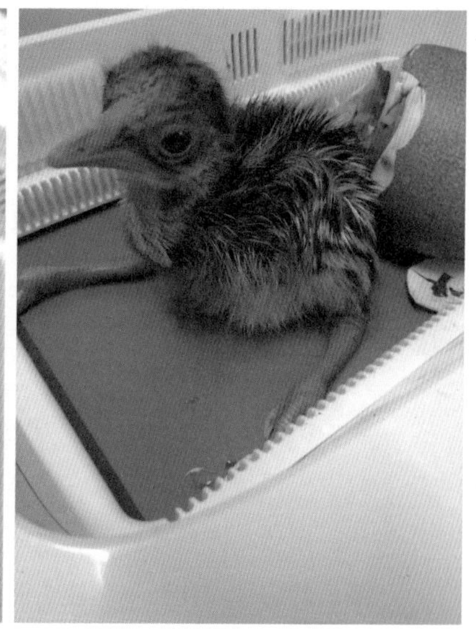

破壳而出的小鹤鸵

包括孵化期间的温度、湿度，以及公鹤鸵翻蛋的频率和角度。

有了这些数据，我们成功实现了鹤鸵的人工孵化，为这个物种的壮大做出了贡献。

由于物种的多样性，我们面临的挑战也具有多样性。除了可以通过基因鉴别动物的性别，还有一些动物通过观察外貌就能分出性别。

黑毛的公黄颊长臂猿（左），黄毛的母黄颊长臂猿（右）

图中这个物种叫黄颊长臂猿，雄性是黑毛，雌性是黄毛。它们都正值壮年，男士帅气，女士靓丽。然而，这个物种择偶的选择性非常强。我们把它们放在一起，它们却形同陌路，丝毫没有产生火花，女士冷漠寡淡，男士坐怀不乱。园里还有一个“大龄女青年”小黄，我们给它介绍了好几个“男朋友”都没有成功牵手，这让饲养员“老母亲”们很是着急。

用什么方法才能了解黄颊长臂猿的择偶机制呢？长臂猿是一个濒危的物种，我们不能让它们在有限的青春里，在频繁试婚这种手段上浪费大好年华。所以，红山动物园和南京林业大学合作，对园里12只长臂猿进行了分子生物学方面的研究，最后在基因层面推测出了长臂猿的择偶机制。

MHC（主要组织相容性复合体）基因是脊椎动物中的一种高度多态的基因群。我们在12只长臂猿中获取了MHC-DRB基因序列，确定了12个等位基因并命名。结合配对成功和不成功对照组的实际情况，我们发现“无缘牵手”组中的每对黄颊长臂猿，两两之间都有1～2对相同的基因序列；而在“牵手成功”组中，成功配对的两只长臂猿之间没有任何一组相同的基因序列。于是我们推测，长臂猿的择偶机制就是要选择与自己MHC基因不相同的个体。这样有利于增加后代基因的杂合度，增加下一代的基因多样性。

我们动物园里面的样本数量不够，还不足以进行生物学的统计分析。我们用这样一种具有指导意义的科技手段，在长臂猿幼年的时候就对它的MHC基因测序，为给它们配对提供指导。

在动物园里做“红娘”也是个技术活。古时候做红娘，要把两家孩子的生辰八字要过来，找个先生测字、算命；而在未来或许测一下孩子的血液就足够，即使不相信爱情，基因也可以更准确地告诉你，今后的生活是否会更加甜蜜，生出的孩子是否会更加优秀。

动物就医记

动物成功配对之后，它们就会怀孕，我们就要更加重视它们。和人一样，我们也要用B超给它做孕期检查。

黑猩猩小珊怀孕了，我们在孕期第九周的时候给它做B超，发现了孕囊，但是还没有测到胎儿的心跳。在第十周终于测到了胎儿的心跳，我们的团队非常激动，高兴得像自己有了孩子，同时也喜忧参半：喜的是一个新生命开始孕育了，忧的是不知道这个孩子能

为黑猩猩做 B 超

不能顺利、健康地出生。

在小珊的整个孕期，我们用B超监测胎儿的发育和健康。不仅监测它的发育速度，还监测是否存在脐带绕颈、胎位不正的问题，同时监测胎盘的成熟度以便预测预产期。

第33周，小珊顺利生下了一个健康的男宝宝。因为它的眼睛乌黑亮丽，辈分又是“豆”字辈的，所以我们给它起了个名字叫“乌豆”。

黑猩猩乌豆

动物做B超和人类做B超的程序一样。首先要备皮（把需要检查的部位的毛剃干净），然后涂上耦合剂，接触不断旋转的探头。这些程序对人来说没有任何问题，但是动物有时候会紧张，我们需要让它听话。

想让动物在做B超时状态良好，

饲养员就需要用正强化的行为训练方式引导、训练它们。正强化行为训练是一种训练方法，在整个训练过程中，如果动物做对了动作，就会得到奖励，如果它们做错了也没有惩罚。毛孩子们听不懂饲养员的话，饲养员需要把整个一系列的动作分成十几个步骤，对每一个步骤进行引导、定位、塑形和强化，整个过程可能长达一两个月。

通俗来讲，我们要在动物所有行为里面发现我们需要它做的那个动作。一旦发现那个动作，我们就要立刻强化，给它奖励。这就需要饲养员更加耐心和细心，善于发现动物表现出来的我们需要的动作，让它知道在千万个动作里面做这个动作的时候会有奖励，下次它就会再做这个动作。一系列动作就组成了做B超时需要的全部动作。

长臂猿是一种非常自信的动物，经过与饲养员交流培训后，它们在做B超时一点窘迫感都没有，还会歪头看着显示屏，好像在说："医生，我肚子里是男孩还是女孩啊？"

不过，也有一些配合不是非常理想的个体。比如下页这只叫Purba的合趾猿，它是一只来自马来西亚的雌性合趾猿。平时它和我们饲养员的关系也不错，但是它对B超仪器非常敏感，每次B超仪器一拿来，它就上蹿下跳。所以在它的整个孕期，我们都没法给它做健康检查。

2020年12月27日上午，我们的饲养员发现一只小手在合趾猿母亲身下伸出来了，立刻就意识到它已经临产，而且胎位不正、异常凶险。幸亏技术精湛的兽医及时赶到，施行了全国首例合趾猿的剖宫产手术，最后母子平安。虽然母子平安，但我们还是从中反思：良好的动物行为管理，以及人和动物信任和谐的关系，是未来我们在动物园里面进行定期体检、健康保障的基础。

合趾猿 Purba

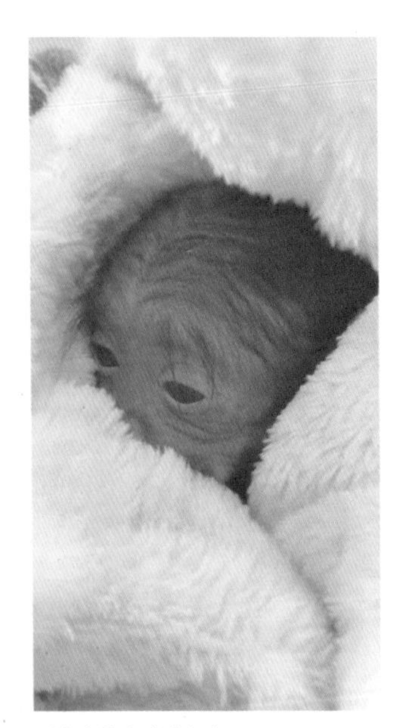

刚出生的合趾猿宝宝

所有的错都不在于动物，而在于我们人类。在整个行为训练过程中，我们不应责怪动物做错了动作，而要首先反思我们有没有捕捉到它做对动作的关键瞬间，以及思考如何及时给予正强化。这些都是饲养员要考虑的内容。

利用正强化的行为原理，我们可以顺利完成为动物体检的各项工作。俗话说“老虎屁股摸不得”，但是在饲养员的引导下，我们能顺畅地给老虎采血。人类可能会觉得量血压不疼，但那种突如其来的挤压感和膨胀感会让猩猩产生恐惧，正强化行为训练可以缓解猩猩的恐惧心理。而在给熊

小熊猫

猫测量肛温时，它能把自己最敏感的部位暴露给我们，说明它极度信任饲养员，并享受这种过程。

与“毛孩子们”一起成长

虽然动物不会说话，但良好的照顾会让它们散发出自信和野性的魅力。我们用前沿的技术和跨越物种的爱来照顾它们，让它们生活得更加快乐。这不仅需要饲养员“飞檐走壁、身怀绝技”，需要饲养员耐心、细心和温柔，更需要饲养员有自我挑战、积极探索的精神和创新思维。

红山动物园团队中有很多小伙伴为了动物忘我地工作，经常用手机记录动物的日常行为并进行比较，所以他们的伴侣常常嫉妒地说：“我手机里都是你，而你的手机里都是它。”

在动物园工作了13年，“毛孩子们”的生老病死、喜怒哀乐都牵动着我，我的心情经常像坐过山车一样跌宕起伏。然而，最让我感动的是团队的伙伴们，他们坚守理想，让每一个生命快乐、发光、发挥价值，让动物园一点点变好，让公众理解、支持、赞美动物园。同时，他们也让公众理解了野生动物保护的重要性。这种认可就是对我们工作最大的肯定。

思考一下：

1. 现代动物园的四大职能是什么？为使动物园的动物舒适地生活，饲养员们都做了哪些工作？
2. 南京红山森林动物园为猫科动物丰容的措施都有什么？
3. 饲养员与动物的相处给了你什么启示？

演讲时间：2021.6
扫一扫，看演讲视频

在非洲草原上，生命狂野而又珍贵

沈梅华
科普作家

雄狮的吼叫代表什么意思？Who is the King? I am, I am, I am.（谁是万兽之王？是我，是我，是我。）

对雄狮叫声的诠释，就是在非洲能学到的众多奇奇怪怪的知识之一。

雄狮在夜间发出吼叫是为了宣示这是自己的领地，“这块地盘有主，别的雄狮不要来染指我的地盘”。

2006年，我刚刚大学毕业不久，就有幸因一个动物保护项目来到南非，在那里我见识到了非洲的与自然旅游紧密结合的野生动物保护模式，也认识了很多很多既爱自然又懂自然的伙伴，最后我自己也变成了一个“非洲控”。

从误解到了解

虽然已经去过全世界很多国家公园和保护区，但非洲永远是我的最爱。

早在20世纪80年代，很多人就通过《动物世界》节目知道了东非动物大迁徙，而我们在动物园也能见到很多非洲动物的身影，特别是非洲五大兽，也可以叫“非洲五霸”：豹子、狮子、大象、水牛和犀牛。

非洲动物的形象深入人心，我在刚刚去非洲的时候也曾觉得自己对非洲动物有所了解，然而当我真正踏足非洲大陆之后，我才发现自己知道的实在是太少了。

非洲五大兽：豹、非洲狮、非洲（草原）象、非洲水牛、（黑）犀牛

举个例子，下图这种动物叫避日蛛，尽管看起来像蜘蛛，但它其实不是蜘蛛，而是属于蛛形纲避日目。

避日蛛

避日蛛个头不小，身上还毛茸茸的。当它直冲过来时，第一次见的人很容易被吓一大跳，如果你下意识想要把它打死，还请在最后关头“刹车”。

当你了解了这种小动物，就会知道它名副其实，有“避日”的习性。它暴露在阳光下的时候，会下意识地往有阴影的地方跑，所以它朝人冲过来其实并不是为了要咬人，而是为了寻求我们脚下的那一片阴影。

类似的例子还有很多，人们不禁要问：我们是不是对很多动物都存在误解呢？我们真的了解这些动物背后的故事吗？在非洲，真正值得观察的不仅仅是这些耳熟能详的“明星”物种本身，还有它们和整个环境的联系。如果把动物们放到整体环境中去观察，我们会发现更多有意思的事情。

围观长颈鹿打架

我们很熟悉长颈鹿，南非长颈鹿更是动物园的常客。在南非克鲁格国家公园，我和我先生曾看到两只成年的雄性长颈鹿。当时我

南非长颈鹿

们身边有很多游客，大家都是停下车子拍了照片就走了。但是我们看到两只成年雄性长颈鹿挨得那么近，感觉好像有什么事要发生。于是接下来我就拍到了两只长颈鹿“脖击”的画面，这是雄性长颈鹿之间比拼力量的一种方式。

如果提前做一些功课，我们就可以预判动物的行为，这样才能够记录到这样难得一见的瞬间。

在野外，动物的一些日常行为也很值得说道。比如，在动物园里长颈鹿吃东西是一个很常见的现象，但是在非洲，我们就可以观察到更多。

与食物斗智斗勇的长颈鹿

长颈鹿最喜欢吃的是一种叫金合欢的植物，然而我们仔细观察这一类植物，会发现它们根本就不是“善茬儿”。

金合欢种类繁多，但都长出了各种各样的刺保护自己，避免被植食动物取食，这对于驱避一些小型动物还是有效果的。但长颈鹿是皮糙肉厚的动物，它取食时会用灵活的嘴唇和舌头绕开这些刺，把叶子从枝条上面捋下来。对长颈鹿来说，这些刺造成的阻碍似乎不是很大，也只能减缓它们进食的速度。

但这就为金合欢动用第二个武器争取了时间。它的第二个武器是什么呢？在野外，我们观察到一个现象：当一群长颈鹿觅食的时候，我们会发现它们总是朝着同一个方向前进。

长颈鹿身边四面八方都有可以吃的植物，奇怪的是，为什么它们不四处散开去吃，而要朝同一个方向前进呢？与此同时，它们还要逆着风行进，这又是为什么？

原来，金合欢除了有尖刺这种物理武器以外还有化学武器：在被植食动物取食的时候，它会迅速增加自己体内单宁的含量。单宁并不是一种陌生的化学物质，我们在葡萄酒中尝到的涩味就是拜单宁所赐。

长颈鹿可能会觉得这株金合欢一开始还挺好吃的，后来越吃越苦涩，最后就不堪入口了，最后就只能放弃这株植物，转而去吃下一株。

然而，金合欢在被取食的时候，除了能提高自己体内的单宁含

量，还会散发一种信息素，通知身边其他的金合欢伙伴：有植食动物来吃我啦！大家都要提高警惕呀！于是，接收到这种信息素的金合欢就全都开始制造单宁。它们虽然还没有被吃，但已经开始变得苦涩难吃了。

正因如此，长颈鹿才要逆风行走，去寻找那些没有接收到信息素的金合欢，这样才能吃到味道比较好的食物。如果它们顺风觅食，找到的金合欢只会越来越苦。

在非洲的稀树草原上面，金合欢算是一种繁衍得非常成功的物种，它们不仅能彼此通力合作，某些种类的金合欢还有独门法宝。

金合欢

有一种镰荚金合欢，它们身上有种特殊的结构：它的枝刺基部长了一个黑黑的圆球，这个圆球是空心的，上面还有一些小孔。这个结构有什么作用？我们可以从镰荚金合欢的英文名“Whistling

镰荚金合欢

Thorn”（口哨金合欢）中发现答案：当风以某一个角度吹过这些小孔的时候，镰荚金合欢就会发出吹口哨一样的声音。

好好一棵树为什么长了“口哨”呢？仔细观察，你会发现小孔附近有一些小蚂蚁频繁地进进出出，原来这些蚂蚁就是镰荚金合欢为自己招来的“保镖”。通过为蚂蚁提供这样一个圆球状的住所，以及分泌一些蜜汁作为它们的食物，镰荚金合欢和某些种类的蚂蚁形成了互利共生的关系。当有植食动物来吃镰荚金合欢时，蚂蚁们自己的家园也会受到侵扰，它们就会群起而攻之，把植食动物们赶跑，所以这可以说是金合欢动用的一种生物武器。

从我们熟知的长颈鹿这样一种大型动物，到和它有关的植物，再到和这种植物有关的昆虫，我们可以不断地往下挖掘，还可以发现更多故事。

关注一下金合欢生长的位置，我们会发现在有白蚁冢的地方，不仅是金合欢，其他树也都长得特别好。

有种树叫赞比亚黄尾豆，就喜欢长在白蚁冢上，这又是为什么呢？原来白蚁在稀树草原的生态系统中起到了非常重要的作用。一方面，它们像蚯蚓一样，可以把地下比较深层的富含矿物质和水分的泥土翻搅到土壤上层，以供植物利用；另一方面，它们在地下的活动形成了很多孔隙，也有利于植物根系的生长。白蚁是稀树草原

白蚁冢上的树都生长得特别好

的一大功臣，但是白蚁也会引来自己的天敌。

白蚁的天敌——土豚

白蚁的天敌有哪些？其中有一种神兽级动物——土豚。这种动物非常少见，即使是在非洲工作了很多年的当地向导，可能也要好多年才有机会见到它一次。

土豚是一种严格夜行性的动物，非常难见到。很多人不熟悉它，所以即使看到了也不知道它是什么。人们看到它的第一反应总是“它是不是食蚁兽”以及“长得像小猪”。其实，土豚是单独一类动物，它们非常特殊，属于管齿目土豚科土豚属。在动物分类学中，它是相当原始的一个物种，整个管齿目现存的只有它一种动物。

土豚

土豚的脚印

土豚过着昼伏夜出的生活，所以我们在白天一般只能看到它留下的踪迹，比如脚印。这种动物在非洲有一个绰号——“非洲最强挖掘机”，没有“之一”。

土豚留下的洞

挖掘是土豚的看家本领，它在沙土质地区挖洞的速度比六个人拿着铁锹挖还快，只要有土豚出没的地方就能够看到它们留下的洞。有些土豚的洞非常大，容纳一个人绰绰有余，如果被探洞爱好者发现了，相信他们一定想去钻一下。但是，大家千万不要去钻土豚洞。曾经有人问我：在非洲看动物，危不危险？我的回答是：只要遵守规则就不危险。不能钻土豚洞，就是规则之一。

人们在面对狮子、大象这种正常意义上的“危险动物”时，会有一种本能的警惕，这个时候不需要警示，大家也都会遵守规则。然而，当你面对一个好像什么也没有的洞时，你可能就会放松警惕，一旦好奇心占据上风就危险了，这时就很容易违反规则。

为什么土豚的洞不能钻？首先，如果遇到的土豚洞是一个繁殖洞穴，那么它的地下结构将非常错综复杂，堪称迷宫。在非洲，曾经也有一些人钻到土豚洞里面去探洞，结果在里面迷路走不出来，虽然最后得到救援，但还是有一人遇难了，所以确实很危险。

其次，如果遇到的土豚洞不是繁殖洞，那么它的结构可能比较简单，但是我们不知道洞里有什么，这里面可能有许多其他动物，包括至少17种哺乳动物、2种爬行动物，还有一些鸟类，它们都会利用土豚洞去建造自己的巢穴。这个洞里可能有浑身长刺的豪猪，可能有蛇，还可能有很喜欢利用土豚洞的家伙——疣猪。

《狮子王》里辛巴的朋友彭彭，就是疣猪。这个家伙有一种习性，如果在洞里受到惊扰，它就会从这个洞里面直冲出来。疣猪的獠牙非常锋利、十分吓人，而且它从洞里冲出来时力量又很大，很容易把人的腿撞断。

因此，在非洲野外看见土豚洞的时候，大家一定要站在土豚洞边上观察，千万不能站在土豚洞的正前方，以免发生危险。

疣猪

救助小土狼

白蚁除了最大的天敌土豚，还有一个天敌叫土狼。说到土狼，如果你想起的还是《狮子王》里的三只“土狼”形象，那你就误会了。《狮子王》在被引进内地时，发生了一个很可惜的翻译错误，就是把斑鬣狗“Spotted Hyena”翻译成了“土狼”。

所以现在一说到土狼，大家就联想到电影中斑鬣狗样貌猥琐的形象。其实并非如此，如果真的来到非洲，你会发现现实中的斑鬣狗也是很可爱的动物，它们也有非常温情的家庭生活，而且也充满好奇心。

就连著名的动物学家珍·古道尔博士都曾经说，如果她当时不去研究黑猩猩，就会去研究斑鬣狗。

斑鬣狗

那么，真正的土狼又是怎样一种动物呢？土狼是鬣狗科中最小也是最特殊的成员，它们的体形还不到斑鬣狗的三分之一，比土狗还小，跟雪纳瑞犬差不多大。所以它们的食性也比较特殊，以白蚁为主食，很少吃肉。我们对它们产生误解，真是冤枉它们了。

下页的两只土狼是我在保护区工作的时候救助的，当时保护区周边有很多牧羊农场，这些农场主为了防止野生动物跑到农场里吃他们的羊，就会在围栏边上设置很多捕兽夹。结果，那些真正比较聪明的肉食动物很少被夹到，反而是土狼这样不太聪明又喜欢在地上挖洞通行的动物容易被捕兽夹夹到。

有一次我们在巡护的时候看到了非常惨烈的一幕。一只母土狼已经身怀六甲，却被捕兽夹夹到，被发现时母土狼已经奄奄一息，眼看已经救不活了，但是它肚子里的小土狼说不定还有生存的希望，于是我们就为母土狼接生了三只幼崽。

尝试把小土狼养大，其实是一个非常有挑战性的任务，因为

土狼

即使是在南非，人们对土狼的了解也是有限的。很多人根本没有见过土狼，也几乎没有什么动物园养过土狼，我们查遍了资料才发现南非一共只有三例救助和养殖土狼的记录，所以这是宝贵的参考资料。

当务之急就是给小土狼寻找合适的食物。哺乳动物小的时候总是要喝奶，但不是任何动物的奶都可以采用，因为不同动物的乳汁成分有很大差异。牛、羊都是植食动物，所以我们平时喝的牛奶、羊奶不适合喂养肉食动物。

我们做了大量筛选，最后选用了宠物用品商店里面就可以买到的狗奶粉作为替代品，后期再慢慢地加入鸡蛋、牛肉糜等蛋白质食物。

这些小土狼每过一个半小时就要吃一次奶，所以最初几天真的非常辛苦。后来，即使在自己有了孩子以后，回想起这段经历，我仍然觉得养土狼真是比养孩子还辛苦。除了喂食，小土狼也和很多肉食动物的幼崽一样，需要妈妈去舔它们的肛门才能够排泄，所以我们还要模拟这个过程，用棉花球蘸上温水帮它们擦拭，刺激它们排便。

终于，小土狼的眼睛睁开了，这时候我们有点儿震惊：难道土狼就是这个丑样子吗？那一刻我们大受打击，但是它们在耳朵竖起来、四肢有力量之后，就摇身一变，成了非常可爱的小家伙。

土狼同时具有狗和猫两者的特点，它们既像狗一样可以遛，也和猫一样会使用猫砂盆，在拉完便便之后会很仔细地把自己的便便都埋起来。这可能是野生土狼为了防止被其他的天敌找到踪迹而采取的一种措施。

这三只小土狼最后被我们成功养大了两只，对于本是野生动物的它们来说，长大以后能够野化并回归野外是救助人的美好希望。

于是我带着这两只小土狼去保护区里的白蚁冢，用铲子把白蚁冢挖开，想让它们熟悉一下白蚁的味道。没想到这两只小土狼对白蚁一点儿兴趣都没有，即使是捉来白蚁喂给它们，它们也不吃。后来，我只好自己学着土狼的样子把嘴凑到白蚁冢面前，伸出舌头去舔白蚁，但是小土狼就像在看白痴一样看着我，好像在说："你在干嘛呀？"最后，只有我一个人在那里卖力地表演，两只小土狼却靠着白蚁冢睡着了。这次尝试野化放归失败，让我深感受挫。

我们只能把这两只小土狼送到了朋友的动物园，当时这整件事情也得到了南非一家报纸的报道。小土狼成了动物保护的宣传使者，让大家注意到在围网旁边设捕兽夹会给无辜的动物造成多么大的伤害。

借此机会，我们也去和附近的农场主沟通，告诉他们把捕兽夹撤掉，我们会帮助他们用更好更科学的管理手段阻止野生动物吃掉他们的羊。然而后来人们发现，很多被认为是野生动物吃掉的羊，其实是被农场的狗吃掉的。

非洲的动物故事永远讲不完，在几十次的非洲之旅中，我目睹了太多有趣的动物故事。多多走入野外，我们就能一起发现更多神奇的自然故事。

思考一下：

1. 面对“敌人”长颈鹿，金合欢用什么方法保护自己？长颈鹿又想出了什么对策呢？
2. 土豚的“看家本领”有多厉害？
3. 小土狼的遭遇为你带来了什么启示？

演讲时间：2021.3
扫一扫，看演讲视频

厉害啦，我的大象

何长欢
北京师范大学生态学博士

亚洲象

亚洲象、非洲象面面观

世界上现存体形最大的动物是蓝鲸，而陆地上体形最大的动物是大象。世界上现存的大象有三种——亚洲象、非洲草原象和非洲森林象，猛犸象这类长毛象已经灭绝了。

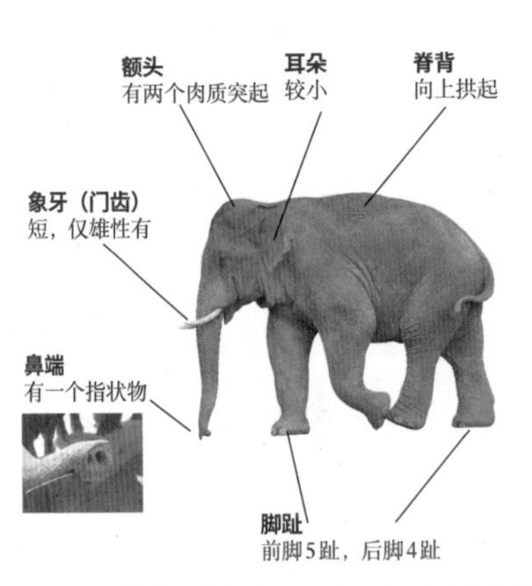

亚洲象（*Elephas maximus*），肩高约3.2米

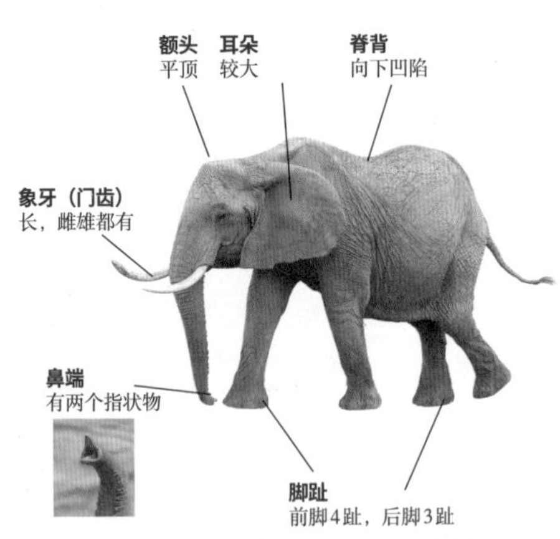

非洲象（*Loxodonta africanna*），肩高约4米

非洲象

亚洲象与非洲象有什么区别呢？从左页对比图可以看出，亚洲象的体形较小，非洲象的体形很大，除此以外，它们身上还有一些不同之处。

第一个区别是耳朵。亚洲象的耳朵非常小，非洲象的耳朵却比它整张脸都大，这是最重要的一个区别。

第二个区别是后背。亚洲象的后背是凸起或平缓的，非洲象的后背是凹陷的。

第三个区别是长牙。雄性亚洲象通常有长牙，雌性亚洲象没有，而非洲象无论雌雄都有长牙。

第四个区别是鼻子。亚洲象的长鼻子末端只有一个小手指一样的突起，但非洲象有两个。

第五个区别是臼齿。亚洲象的臼齿上有很多像小脊梁一样的东西，叫齿脊，而且排列密集；但非洲象的齿脊却排列稀疏，呈菱形或者三角形。

最后一个区别在脚趾上。亚洲象的脚趾通常是“前五后四”，即前面五个脚趾，后面四个脚趾。非洲森林象跟亚洲象一样，非洲

大象给自己擦“防晒霜”，在泥塘里打滚

草原象则通常是“前四后三”，即前面四个脚趾，后面三个脚趾。这里的“脚趾”指大象的蹄子，无论是哪种象，实际上趾骨都是五根。

大象换臼齿很有意思。人类小朋友换牙的时候，新牙是从下往上长，把旧牙给挤掉；大象不一样，它的新牙是从后往前长，把前边的旧牙齿给挤掉。

大象一生中一共会拥有26颗牙齿（恒齿），除了两颗门齿以外，剩下的24颗全是臼齿。它口腔里一共有4颗臼齿，上边两颗，下边两颗，一辈子要换6次牙齿。

大象大概在40岁的时候换第六套臼齿。臼齿会因为吃东西而被严重磨损，如果最后这套臼齿磨掉了，大象就不能生活了。所以在野外，很多大象不是病死的，也不是被其他动物吃掉的，而是饿死的。

大象的防晒小贴士

大象有很多有趣的“超能力”，其中一项就是擦“防晒霜”。虽然大象皮肤很粗糙，但是它却很怕晒。它们粗糙的皮肤中间有很多褶皱，而褶皱处的皮肤非常薄，因此很多蚊虫就专门叮咬大象身上的皱褶。

大象用耳朵散热，蒲扇般的大耳朵具有调节体温的作用

大象生活的地方很热，所以它们喜欢洗澡，洗完之后它们还会把沙子全抹到身上，或者直接在泥塘里打个滚，裹在身上的泥土相当于一层天然的防晒霜，这样大象就既不怕太阳晒，也不怕蚊虫叮了。

大象还有一个散热的方法，就是扇耳朵。耳朵是它全身皮肤最薄的地方之一，血管丰富，当血液流经耳朵的血管时，大象扇动耳朵就可以把热量扇走了。

大象用鼻子喝水

为什么大象不呛水？

为什么大象用鼻子喝水却不会呛到自己呢？这是因为在大象鼻子末端跟呼吸道相连接的地方，有一个小闸门似的软骨，一旦水进到鼻子里，这个闸门就会关闭，水流到此为止，大象也就不会呛水了。

大象的听觉通信：通过喉咙发出次声波，通过踩踏地面发出地震波，通过听骨以及足部的感知细胞接收

大象的通信方式也很有趣，主要有两种。

第一种是听觉通信。大象最常发出的是一种吹喇叭一样的声音，还有一种频率很低、我们人类听不到的次声波。通过这种次声波，大象能在10千米以外的地方接收到同伴传来的信息。大象还能发

出更厉害的“地震波”。借助巨大的体重，大象靠踩踏地面就可以发出“地震波”。如果你在野外发现一头大象站立不动，身体前倾，那么它很有可能是在接收“地震波”。

“地震波”从地面传过来时，先经过大象的前脚，然后一点点向上传递，直达它的听骨，它就这样听到同伴传来的信息。这样的“地震波”最远大概能传20千米。

大象的第二种通信方式就是嗅觉通信。下方左图中大象为什么要闻粪便呢？大象的嗅觉其实比小狗还灵敏，它们闻一下就知道这些粪便是不是同伴留下的，由此就可以知道自己的伙伴刚才有没有经过这个地方。而在右图中，大象把鼻子举起来，正在嗅闻空气中的味道。通过分辨空气中的味道，它可以知道是否有猎人或天敌在接近。

大象的嗅觉通信：嗅闻粪便和空气

大象粪便的奇特作用

我的工作其实就是研究大象的便便。在我工作的云南省，只有西双版纳、普洱和临沧三个地方有大象生活，数量仅有300头左右，是我们国家非常珍贵的一级保护动物。

研究大象的粪便

为什么要研究大象的粪便呢?

想在遗传学方向研究大象，就要用到动物的DNA(脱氧核糖核酸)。可怎样才能获得大象的DNA呢? 总不能像对待小猫、小狗或者小鸟一样，把它逮住，抽管血或者割块肉吧? 大象体形庞大，比较危险，又是我国一级保护动物，所以我们不能随意伤害它。

科学家们发现，大象的粪便中也有细胞。粪便里的细胞是怎么来的呢? 在肠道运转过程中，粪便会逐渐把肠道表皮的细胞给刮下来，越到后面环节，粪便中留下的表皮细胞就越多。所以，我们只要提取大象粪便里的表皮细胞，就可以获取它们的DNA。

除了粪便，我们也可以利用大象的脚印研究它们。通过大大的脚印，我们可以判断它之前有没有经过这里。下方右图这片竹林就

大象的脚印（左）和大象经过之处（右）

是大象所到之处，大象在森林的演替变化中起着至关重要的作用。

野外遇到大象怎么办?

如果在野外遇到大象，我们该怎么办? 跑是肯定得跑，怎么跑才是上策? 千万不能沿直线跑，因为大象在山上的速度很快，人肯定跑不过它。我们要像蛇一样以“S”形路线逃跑。人类体重比较轻，拐弯时更迅速灵敏；而大象体形很大，拐弯时不能太快，否则它就会因为“刹不住车”而摔倒。我们选择“S”形路线，就是在为自己逃命争取时间。

除了选择合适的逃跑路线，我们也可以扔掉随身携带的书包或衣物。大象是一种好奇心比较重的动物，它们要是被丢掉的东西吸引，就不会攻击我们了。

最后还有一个方法，就是直接原地打滚，只要滚到山下，我们就安全了。

越来越短的象牙

偷猎者猎杀大象往往是为了取象牙，但为什么取象牙要杀掉大象呢?

因为大象的门齿不会脱落，它跟大象的头骨相连。如果偷猎者想要整根象牙，就要把大象杀掉，砍下它的半张脸，这是非常残忍的一件事。

有一只大象在非洲很有名，名字叫“萨陶”。它的象牙非常长，当它低头的时候，象牙甚至能贴到地面，这样的大象被称为“tusker”，意为“长牙”。一百多年前，下图中这样的“长牙”大象还有很多，然而现在整个非洲大陆只剩下20多头，包括“萨陶”在内的其他大象都被偷猎者杀掉了。

这种长牙大象整个非洲只剩下 20 多头

一般情况下，大象的体形越大，它的象牙就越长。偷猎者专门猎杀这种体形大、象牙长的大象。

在亚洲象中，那些长着长象牙的雄性亚洲象被偷猎者杀掉了，没有长象牙的亚洲象反而活了下来。这些没有长象牙的亚洲象，它们生下的小象往往也是没有象牙的。因此，很多地方的亚洲象都面临着雄性缺失象牙的问题。

非洲象的雌性和雄性都长有象牙，所以不论雌雄，它们都是偷猎者的目标。只有长着短象牙的非洲象能活下来，这也导致非洲象的象牙越来越短。如果这种情况持续下去，在不久的将来，整个非洲或者亚洲都将失去长牙大象！这是一件非常可悲的事情。

2018年年初，中国颁布了一项法律。在我国，所有现生象的象牙制品都不可以买卖，买卖象牙即触犯法律。

猛犸象的象牙可以购买，但还是建议大家不要去买。因为猛犸象的象牙主要分布在俄罗斯西伯利亚森林的冻土层下，想获得象牙，就需要用水冲去森林的地表土，让猛犸象的象牙露出来。这样的行为会严重破坏当地森林的地表层。这些寒冷地带的森林生长速度很慢，一旦被破坏，可能几百年都难以恢复。

千万不要购买象牙制品，因为一旦购买就是在变相地促使偷猎者猎杀大象，就像那句广告词所说，“没有买卖就没有杀害”。我们真心希望大象们能永远地生存下去。

思考一下：

1. 亚洲象和非洲象有哪些不同点？
2. 你觉得大象有哪些厉害的本领？试着跟你身边的人讲一讲。
3. 为什么不能购买象牙制品？

演讲时间：2018.10
扫一扫，看演讲视频

大熊猫走进“演化死胡同”了吗？

胡义波
中国科学院动物研究所研究员

在2022年北京冬奥会上，大熊猫作为吉祥物“冰墩墩”又露了一次脸，让全世界人民为之惊喜，也导致了“一墩难求”的盛况。

尽管大家都很喜爱大熊猫，但在大熊猫研究中，动物学家对大熊猫的一些生物学知识和保护管理问题还是不太清楚，甚至存在一定的误解。

二十世纪七八十年代开始出现一种论调，认为受到种群数量持续下降、遗传多样性低、繁殖能力低下以及专吃竹子等生物学特征的限制，大熊猫必将走向灭绝，它们将走向演化的尽头，或者说演化的死胡同。时至近年，这一论调还不断地被提起。2009年，英国广播公司（BBC）媒体人克里斯·派克汉姆（Chris Packham）曾撰文表示，人们应该让大熊猫灭亡，从而把更多资源投到其他的动物身上。

实际情况是这样吗？大熊猫的种群数量是否在下降？它的遗传多样性、繁殖能力真的低吗？大熊猫对竹子到底适不适应？今天我们就来一探究竟。

大熊猫的数量，到底怎么数？

大熊猫的种群数量，实际就是指大熊猫有多少只。该怎样调查大熊猫的种群数量呢？这并不是去野外随便看一看、数一数就行的。大熊猫生活在崇山峻岭中，也被称为“竹林隐士”，实际上很难在野外见到。那么我们该怎么办呢？这就主要靠大熊猫的一种特殊排泄物：便便。

对页下图显示的就是一团新鲜的大熊猫竹笋粪。我们能看到，大熊猫的粪便里有一节节咀嚼消化后的残余，我们称之为“咬节”。咬节的长短跟年龄相关：咬节长的大熊猫年龄大，咬节短的大熊猫

大家以为……

实际工作……

年龄小。再结合粪便之间的距离，就可以识别大熊猫个体。

如果野外两团粪便的距离大于1.5千米，我们就可直接判定为两只个体；如果两团粪便的距离小于1.5千米，但是咬节的长度差异大于2毫米，我们也可以判定为两只个体。这都是经大量数据统计后得出的结论。

基于这一原理，我国目前已经开展了四次（每十年一次）的全国大熊猫调查。世界上可能没有任何一个物种受到过这么多的关注，被投入过这么多调查的人力、财力和物力。

最早的一次全国大熊猫调查是在20世纪70年代，我们发现了2459只熊猫；第二次大熊猫调查在20世纪80年代，结果是1114只。我们发现，大熊猫数量急剧减少了接近一半，也正是从那时开始，种群衰退的论断出现了。大家对大熊猫的命运抱持着非常悲观的态度，原因是当时发生了大规模森林采伐。

然而，第三次和第四次大熊猫调查的结果分别是1596只和

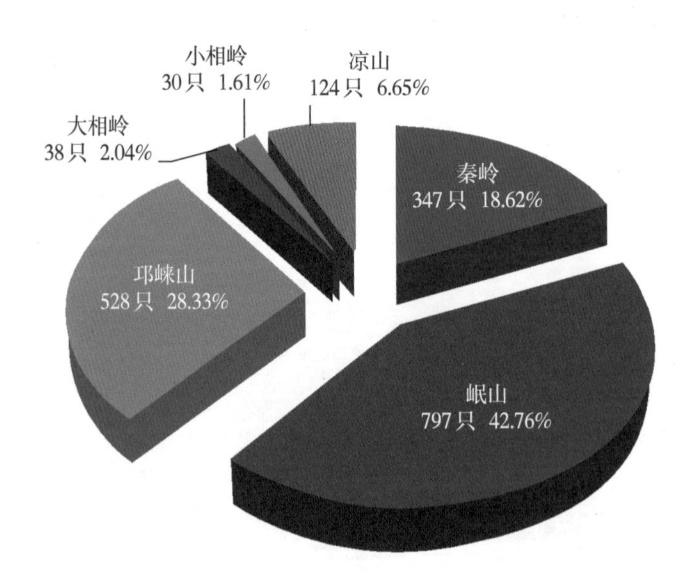

第四次全国大熊猫调查结果，共1864只（2015年）

1864只。从这两次调查结果来看，它的种群数量又是持续增长的。这是怎么回事呢?

原来，1998年长江大洪水之后，全国开始实行禁止天然林采伐工程。我们国家西南森林生态系统得到很好的保护，大熊猫的栖息地逐渐恢复，所以种群数量也就自然开始增长了。

大家还可能会想：那些距离小于1.5千米、咬节长度也小于2毫米的便便，就一定属于同一只大熊猫吗?这个问题确实存在，也说明我国大熊猫种群数量调查的估计结果还是很保守的。

为了更准确地调查种群数量，我们团队进一步开发了分子粪便学方法——还是通过大熊猫的便便做研究。

新鲜的大熊猫便便外面有一层白色的黏液，这是大熊猫肠道分泌黏液的遗留。这种黏液里有丰富的肠道脱落细胞，我们可以从这些细胞里提取到大熊猫的DNA，从而鉴定个体。这就与法医在犯罪现场搜寻嫌疑人的血液或者毛发，进行个体鉴定的方法是类似的。

运用这种方法，我们在四川王朗自然保护区做了一项试点调查。通过分析245份新鲜粪便，我们鉴定出了66只大熊猫个体，这一数量远高于当地第三次大熊猫调查结果的27只，说明传统调查方法大大低估了野生大熊猫的数量。因此野生大熊猫应该有2000多只，这也证实了目前的大熊猫种群数量在持续增长。

我们人类禁止直系血亲和三代以内的旁系血亲近亲繁殖，因为近亲繁殖会导致遗传多样性下降：有害的基因有更高概率纯合，然后开始发挥不利作用。因此，遗传多样性高代表更大的演化潜力，而遗传多样性低对一个群体的发展是不利的。

那么，大熊猫数量相对较少，是不是意味着遗传多样性也低呢?

为了探讨大熊猫遗传多样性，我们团队通过长期的样品累积，分析了159只野生大熊猫的遗传信息，发现跟其他熊类相比（如北极熊、眼镜熊），大熊猫的遗传多样性比较高。这也说明大熊猫仍有较大的演化潜力。

大熊猫的繁殖能力真的很低吗？

“演化尽头论”还认为大熊猫的繁殖能力很低。这是真的吗？

大熊猫繁殖能力低的论断主要来源于二十世纪八九十年代在圈养大熊猫繁育中出现的“三难问题”，即发情难、配种受孕难以及幼崽存活难。那么现在情况如何呢？

目前，我国大熊猫圈养繁殖已经取得了巨大的成功，克服了繁育三难的问题。以幼崽存活难为例，早前野外大熊猫很难抚育双胞胎，因为它不冬眠，在平常移动、觅食的时候只能带走一只幼崽，另外一只不得不舍弃。

在动物园里，大熊猫也不能抚育两只幼崽，但是繁育人员发明

大熊猫幼崽

跟踪佩戴 GPS 颈圈的野生大熊猫

了双胞胎轮换喂养的方法：每天让母熊猫喂养一只幼崽，另外一只由人工抚养，让幼崽轮换接受母乳喂养。这种方式显著提高了圈养大熊猫幼崽存活率。

目前圈养大熊猫繁育已经从重数量向重质量转变。截至2021年10月，我国圈养大熊猫已经有673只，目前的繁育目标主要是尽量维持圈养大熊猫的遗传多样性，避免它们近亲繁殖。

大家可能会好奇：圈养大熊猫繁育很成功，那么野生大熊猫怎么样呢？为了得到答案，我们团队为陕西秦岭佛坪国家级自然保护区的野生大熊猫佩戴上GPS颈圈，长期跟踪观察它们的求偶、交配、产崽、育幼等行为。

通过十多年的研究，我们观察了几十起大熊猫繁殖行为，发现野外大熊猫的繁殖、育幼行为都很正常。在繁殖季节，一只发情的雌性大熊猫会吸引多只雄性大熊猫聚集，那么雄性大熊猫怎样获得

左上为胜利者，其余均为失败者

交配优先权呢？主要靠争斗。

对页图显示了这个繁殖场聚集的四只雄性大熊猫，它们通过打斗决定交配优先权。这里面有一只获胜，另外三只失败，其中有两只脸上还带了伤痕，可见经过了激烈的争斗。我们也发现，在野外环境中，通常体形大的、强壮的大熊猫会获得交配优先权。大熊猫脸上这种伤痕，实际上也成为红外相机识别大熊猫个体的一个依据。

我们也利用红外摄像机观察和研究大熊猫的产崽和育幼行为，发现大熊猫能正常地在野外产崽、育幼。

每年的三、四月是大熊猫的发情期，母熊猫通常会怀孕五个月，在八、九月开始产崽。上文提到，大熊猫通常只抚育一个幼崽，因为它不冬眠。北极熊和棕熊则不同，冬眠期过后，它们的幼崽其实已经长大了，可以出来自行行走，但大熊猫幼崽主要还是靠母熊猫的抚育。

野生大熊猫幼崽

一般等到幼崽长到一岁半或两岁半的时候，母熊猫就会将幼崽赶出家门，让它们自立门户。我们偶尔能在野外看到独自生活的大熊猫幼崽，它们都很健康、正常地生活着。

无论是求偶、交配还是产崽、育幼，野生大熊猫的繁殖都很正常，因此它的繁殖能力并不低。

只吃竹子的大熊猫，营养够吗？

我们再来看“演化尽头论”的最后一个论点：大熊猫不能适应竹子。

大熊猫能适应低营养的竹子吗？

大熊猫的“萌点”之一就在于它吃竹子，不像吃肉的老虎、豹子那样凶狠。但竹子是一种高纤维低营养的食物，大熊猫如何在竹子中汲取足够的营养维持它的生长发育呢？长期研究发现，其实大熊猫已经在多个方面适应了这种食物。

上图中红色箭头指向的就是大熊猫形态上的一个特殊结构，被称为伪拇指或者第六指。它由大拇指外侧的一块小骨头膨大形成，可以跟大拇指对握，以便敏捷地抓握竹子，辅助觅食。在食肉目这样一个很大的类群里，只有大熊猫和小熊猫拥有伪拇指，其他食肉动物都没有这样灵巧的抓握能力。

大熊猫的头圆圆滚滚的很可爱，是因为头骨上附着了发达的咬肌，便于咀嚼竹子。另外，大熊猫的臼齿非常大而且平，便于碾磨竹子。所以从形态上看，大熊猫已经很好地适应了以竹子为食。

大熊猫吃竹笋

竹子的营养并不高，所以大熊猫吃竹子很挑剔。在野外，它会选择竹子中最有营养的种类和部分。而有竹笋的时候，它们会优先吃竹笋；没有竹笋的时候，它们会吃竹叶和竹竿。大熊猫挑选的竹叶和竹竿也是一年生、刚长出来的那种，很新鲜、很嫩、很有营养。那种多年生的竹子，大熊猫基本上不会吃。通过这种方式，大熊猫能在有限的采食时间里尽量多地获得充足的营养。

此外，大熊猫在节约能量上也有一系列策略。我们团队的研究发现，大熊猫的每日能量消耗率非常低，只有它体形预测值的37%。这个数值与树懒相似，比树袋熊还低。而我们知道树懒和树袋熊已经是移动很缓慢的动物了。

大熊猫不冬眠，它又如何在寒冷的冬季维持恒定的体温呢？通过红外摄像机对大熊猫的体表测温，我们发现大熊猫体表厚厚的毛皮可以维持恒定的温度，跟没有厚毛皮的狗和牛比，它的体表温度很低。

在活动方式上，大熊猫也有不一样的策略。通过在野外搜寻大熊猫粪便和采食痕迹，我们发现它们主要分布在一些广阔的生境和平缓的山坡上；而在陡坡、稠密的竹林和灌木中很难发现相关踪迹。这实际上也是大熊猫节约能量的一种方式。

此外，大熊猫的另一个可爱之处在于“懒”。它行动迟缓，在野外也确实如此。通过野外GPS颈圈信号跟踪，我们发现大熊猫的移动距离很短，平均每天移动的距离少于500米，而且50%的时间用来休息，另外50%的时间用于采食，这种策略也可以尽量减少它的能量消耗。

纤维素、半纤维素是竹子的主要成分，而人类和其他哺乳动物没有能力消化纤维素、半纤维素，哺乳动物不能合成纤维素酶，所以就要靠肠道微生物来帮忙。研究显示，在大熊猫的肠道微生物中，有一类梭菌可以分泌纤维素酶，从而让它们很好地消化纤维素和半纤维素，以此提供营养；另外还有一类丁酸梭菌，可以分泌丁酸盐，从而增强磷脂类的合成代谢，满足机体发育、生长的需要。综上所述，微生物在大熊猫的营养利用上发挥了很重要的作用。

以上这些研究显示，其实大熊猫很适应竹子这种食物。

接下来大家可能会问：大熊猫专吃竹子，可一旦没有竹子了，它们会不会饿死在野外？答案是这种情况可能存在。因为竹子会开花，野外偶尔会发生大规模的竹子开花枯死事件。

竹子是一种什么样的植物呢？它其实是一种禾本科植物。说起禾本科植物，大家首先会想到小麦和水稻，对吧？一年一个周期，这些植物会开花、结实，最后整个植株枯死。竹子也是如此，但幸运的是，竹子的开花周期是40～60年，所以在野外其实很难看到竹子大规模开花。即使在冬天，竹子也是绿油油的，可以供大熊猫食用。

但在二十世纪七八十年代,还真发生了两次大规模的竹子开花。一次是在四川的岷山山系，一次是在邛崃（qióng lái）山系。当时正值森林采伐高峰，栖息地破碎化特别严重，大熊猫的迁移扩散可能因此受到影响，导致在野外发现了一百多只大熊猫的尸体。

全世界人民对大熊猫命运的关注就从那个时候开始了。著名的熊猫专家乔治 · 夏勒（George Schaller）博士在《最后的熊猫》一书中表示，因为竹子大规模开花、人类盗猎以及栖息地的破碎化，我们对大熊猫的命运抱有比较悲观的态度。也正是在那时，全世界开始对大熊猫投入大量的保护资金。

野外大熊猫到底能不能应对大规模竹子开花？其实可以。当时

的野外研究发现，大熊猫有两种方式应对大规模竹子开花：一种是迁移扩散到其他地区，但严重的栖息地破碎化也确实会影响到大熊猫的迁移扩散；另一种是觅食其他竹种。大规模竹子开花通常在某一种竹子中发生，而在大熊猫分布的六大山系里，每个山系至少都分布有七种竹子,所以还有其他竹种供大熊猫觅食。从这两点出发，如果没有栖息地破碎化严重的问题，大熊猫就能够应对大规模竹子开花枯死现象。

大熊猫为什么会濒危?

以上证据表明，大熊猫在生物学特征上没有任何问题。大家可能会问：那么大熊猫为什么会濒危呢?

大熊猫有800万年的演化历史，最古老的大熊猫化石是在云南发现的，距今有800万年。在这800万年的演化过程中，曾与大熊猫生活在同时代的剑齿象等动物已经灭绝了，而大熊猫幸存至今。这中间经历了什么？又是什么因素导致它濒危呢?

从前，我们很难重构物种在800万年这么长尺度上的演化历史，而且这些化石点都很分散，也很难重构大熊猫的种群数量变化的过程。

现在，随着技术的发展，对基因组水平变异的分析能够重构一个物种过去几百万年的演化历史。通过测序大熊猫基因组，我们团队重构了大熊猫800万年来的演化历史。

大熊猫在历史上经历了两次严重的种群数量下降。这主要是因为更新世倒数第二个冰期和末次冰期，也就是古气候变化导致的。而在1万年以来，随着人类活动的急剧增加，大熊猫种群被割裂为几个孤立的地理种群。所以，是古气候变化和人类活动导致了大熊猫濒危，而不是它自身有什么生物学上的问题。

因此，无论是从种群数量、遗传多样性、繁殖能力、对竹子的适应性上看，还是从可能导致大熊猫濒危的因素上看，大熊猫目前都生活得很好，它并没有走到演化的尽头。

今天还需要继续保护大熊猫吗？

2016年有一个可喜的消息，世界自然保护联盟将大熊猫受威胁等级从“濒危”降到了“易危”，这也反映了我国在大熊猫保护方面取得的显著成效。

但另外一种声音出现了，有人认为大熊猫已经不是濒危物种，我们就不再需要保护大熊猫了。真的是这样吗？肯定不是。我们好不容易取得了成效，更需要持续地保护，努力维护它们的生存状况。

目前，大熊猫还面临着诸多威胁，首先就是栖息地丧失与破碎化。现在1864只野生大熊猫生活在33个割离的地理种群中，其中有22个种群的个体数量小于30只，有18个种群的个体数量小于10只。也就是说，尽管野外有几个很大的种群，但还有很多小的种群，这些种群的命运非常值得我们关注。

其次，犬瘟热、寄生虫等疾病导致大熊猫死亡的案例时有发生。犬瘟热是一种病毒病，有传染性。2014年年底，陕西楼观台圈养大熊猫繁育中心就暴发了犬瘟热，最终导致5只大熊猫死亡。该繁育中心本来就只有20多只熊猫，这是对该中心熊猫种群的重创。目前科学家也正在加紧研究适用于大熊猫的犬瘟热疫苗。

此外，环境污染、全球气候变化等新因素也在不断影响野生大熊猫种群和栖息地。

2021年，我国在联合国《生物多样性公约》第十五次缔约方大会上正式宣布设立大熊猫国家公园。大熊猫国家公园可以整体保护之前很分散的大熊猫保护区，并纳入以往不是保护区的区域，从而较好地解决栖息地破碎化的问题。

大熊猫国家公园的建立不仅保护了大熊猫，也保护了与大熊猫同域分布的8000多种野生动植物，保护了西南森林生态系统，也成为长江上游的一个生态屏障。设立大熊猫国家公园意义重大，它不仅使大熊猫发挥了旗舰物种或者明星物种的作用，也发挥了“伞护”的作用，给其他物种撑起了一把安全保护伞。

保护大熊猫意义何在?

保护大熊猫及其栖息地有什么意义？或者说保护野生动物有什么意义？甚至保护生物多样性有什么意义？

从前，在没有量化指标时，我们会说任何一种动物都是自然界食物链、食物网的一环，是生态系统的一环，如果缺失了一种，食物链和食物网就不再完整，生态系统就会失衡，就会产生很多问题。

现在，由我国牵头的一个国际团队深入评估了大熊猫及其栖息地的生态服务价值，主要包含三项服务：首先是供给服务，良好的生态系统可以为我们人类提供食物、干净的水；其次是调节服务，它可以调节大气循环、水循环、土壤质量水平以及洪涝灾害的发生概率，甚至可以调节野生动物疫病发生的概率；最后就是文化服务，可爱的大熊猫和美丽的栖息地能使人们愿意花钱买门票去观赏。

把这三项服务加在一起，大熊猫每年的生态系统服务价值达到26亿～69亿美元，是大熊猫保护投入资金的10～27倍。这充分说明，

大熊猫及其栖息地是非常值得保护的。这诠释了“绿水青山就是金山银山”的生态理念，保护生物多样性对我们来说非常重要。

在过去研究大熊猫的十多年里，我们看到大熊猫的种群和栖息地状况不断好转，在野外发现大熊猫的概率也越来越高。通过自媒体，我们能欣赏到一些野外大熊猫的视频，国家也在不断出台新的保护措施。因此，无论从生物学的角度还是从保护管理的成效上看，我都相信大熊猫将有一个美好的明天。

思考一下：

1. 从近两次大熊猫数量调查的结果中，我们能得到什么结论？
2. 大熊猫为什么会成为濒危动物？
3. 为了保护大熊猫，我们普通人能做什么？

演讲时间：2022.4
扫一扫，看演讲视频

猫总走在猫道上

宋大昭
猫盟 CFCA 创始人，野生动物科普博主

六盘山的华北豹

一只神奇的大猫——华北豹，正走在六盘山被积雪覆盖的山间小路上。

我们是怎么找到它们的？又为什么要去找它们？找到它们以后，我们要做哪些事情？关于中国的猫科动物，有很多值得我们关注的事。

中国一共有12种野生的猫科动物，这里不包括我们熟悉的家猫。根据分类的不同，全世界大概有38种或者40种猫科动物，包括大家很熟悉的狮子、猎豹等。中国现有的12种猫科动物分别是云豹、云猫、猞猁、亚洲野猫、雪豹、兔狲、虎、金猫、丛林猫、豹、豹猫，以及荒漠猫。这是现在已知的12种在中国有分布的野生猫科动物，还有一种渔猫现在可能在中国有分布，但目前还没有证据。

中国有这么多种野生的猫科动物，这可能是很多人都想不到的事实。实际上，中国是世界上猫科物种最丰富的国家之一，可能只有印度的猫科动物种类比我国多一些，其他如美国、加拿大、俄罗

华北豹

斯等国土面积很大的国家，都没有这么多种猫科动物。这说明了中国的生物多样性非常丰富，这也是由我国极其多样化的地形地貌以及复杂的气候条件决定的。

上图中这只非常健壮的华北豹，正要跳上太行山里一块夕阳照耀下的岩石。这是多年来，猫盟在山里拍到的一张相当满意的照片，它完美地体现了华北豹这个物种所具备的矫健、强壮、美丽、凶猛等各种各样的特质。

踏上寻豹之旅

猫盟在中国主要进行野生猫科动物的保护，其中华北豹是重点关注的一个物种。我的故事可能要从2008年6月2日开始。这一天，我作为野生动物爱好者和野生动物保护志愿者，第一次来到山西省和顺县的太行山。

左边这张照片，是我站在山坡上，看着面前被森林覆盖的太行群山。右边这张照片里，那个戴着白帽子、身材高大的大叔就是引我入门的人，称得上我的师父。他以前是一个警察，他姓王，我叫他老王。

到了山里以后，我问老王："山这么大，我们怎么找到豹子？你怎么知道豹子在哪里出没？"

老王说："作为警察，如果我要找一个犯人应该怎么去找？"

我问："你怎么找？"

他说："我一定会去他经常出现的地方，比如说他要回家，要去饭馆吃饭，要到朋友家串门，这些都是找到这个人的线索。在山里也一样，我首先要把自己想象成一只豹，如果我是一只豹子，我会怎么生活？我要到哪里打猎？我怎样巡视自己的领地？这里面有很多必须了解的知识，比如豹子喜欢走相对平整好走的兽道，因为豹子是这里的大王，谁都不怕，它可以在这种地方行走。"

豹子是一种领地型的动物，它要到自己领地范围里的很多地方做标记，宣示自己的存在。有很多豹子特别喜欢来的地方会被叫作"打卡点"，在这儿可能方便它捕猎，可能是它领地里面重要的标记地点，这些地方都需要了解。了解到这些知识以后，在这么大的山里找到一只豹子并不是太困难的事情。

接下来两三年的时间里，我大概把业余时间都扔到了山里面，经常跟着老王和他的兄弟们走在山中。

豹子足迹

关于豹子，在山里面能看到最直接、最常见的一种痕迹就是足迹。豹子的足迹有时候容易和狗的脚印混淆，但是看多了以后就会发现，豹子的足迹比较扁和圆，后面的足垫比较大和宽，而狗的足垫一般呈狭长的三角形。

从数据上判断，测量一只豹的足迹时一般会看它足垫的宽度。豹的足垫有5~6厘米宽，超过5.5厘米的一般是公豹，短于5.5厘米的往往是母豹。如果足垫宽度大于6厘米，那这只动物很可能不是豹子，如果足迹出现在有老虎的地方，我们就会判断这是一只老虎；如果足垫宽度小于5厘米，那它可能是一只小型猫科动物，比如猞猁或豹猫。

除了足迹，我们还会分析其他痕迹，比如豹的粪便。与小家猫不同，豹不会把粪便拉到盆里，并用猫砂或土把它盖起来。

下图这只豹子正在树上“抓抓抓”，动作很像家猫在家里抓沙发或者猫抓板。实际上，不管是粪便还是在树皮上留下来的抓痕，都是豹标记领地的一种行为。

找到了豹子留下来的这些很直观的痕迹以后，我们就知道这地

正在标记领地的豹（左），豹在树皮上留下的痕迹（右）

荣耀石

方有豹子，它曾来过这里，而我们在这里就可能找到它。

上图这个地方被称为“荣耀石”，也是93页那张豹子跳到石头上的照片的拍摄地。我们从动画片《狮子王》里小狮子辛巴诞生的那处岩壁借来了这个名字。

我们把这个地方看作豹子的“网红打卡点”。它位于山脊上一处狭窄的区域，是一块突兀的大岩石。这些年一共有超过7只金钱豹到过这里。在上图中就能看到有3只不同的豹子在这里活动。

这个地方视野很开阔，属于豹子的必经之地。在这里装上相机，之后拍到豹子的概率就特别高。荣耀石这类地方就是在山里寻找华北豹或者其他大型猫科动物时要特别关注的地点。找到这样的地点，会使所有在野外工作的人非常开心。

给豹子拍张“全家福”

那么，在做了大量野外工作，找到很多豹子留下来的痕迹以后，我们接下来要做什么？

我们要把红外相机装在这些豹子的“打卡点”。当具有体温的哺乳动物或者鸟类从红外相机面前经过时，相机就会自动开始拍摄，把面前所有的野生动物拍下来。

山西省和顺县是华北豹保护项目最主要的所在地。截至2020年，我们在600平方千米的范围内一共安装了150台红外相机。从2014年到2020年，我们在7年的时间里得到了一个结论：从河南的黄河边一直到北京长城的整个太行山脉中，有着现在已知密度最高的金钱豹种群。

金钱豹全家福

2020年，我们一共识别出38只成年金钱豹，上图就是它们的“全家福”。可是这些豹子看上去不都长得差不多吗？它们都是黄色的，身上带着黑色的斑点，怎么就知道是38只呢？

这就涉及一个经常用到的技术——个体识别。没有两只豹子的斑纹是相同的，就和人的指纹一样，所以一定要想办法拍到豹子身体侧面的图案，这里的图案是最容易识别的。如果同一位置的斑纹拥有相同的特征，就意味着这两张照片属于同一只金钱豹。

我们每年要从好几百GB的数据里筛选出三五百张（段）金钱豹的照片或视频。通过这样的技术，我们就能识别出豹子们谁是谁，也会知道这些豹子都在哪里活动。

我们的老朋友——太行山里的山大王

我有一个老朋友，它叫M2。M代表“Male”，是公豹的意思；2代表它是我们在这里拍到的第二只公豹。M2为什么被我们称为山西和顺太行山里面的山大王?

我们第一次拍到它就是在我第一次进山的时候。我们装的红外相机在2008年9月5日第一次拍到了它。自此以后，在十多年时间里，我们一直能看到这只大公豹。除了个体识别以外，M2还有一

M2

些典型的特征：它耳朵上有个疤，鼻子上也有一个闪电形状的疤。

接下来的这么多年，我们不断在不同地方拍到这只豹子，它的出现频率最高，活动范围也最大。最终我们得出一个结论：公豹M2就是当地这个种群的王者，在所有豹子中它的地位最高。

根据多年收集的数据总结，M2是最强壮的一只个体，它非常厉害，经常跟别的豹子打架，在身上留下伤疤，但是别的豹子跟它接触以后都消失了。

M2 个体影像

M2的领地是最大的。我们发现它的活动范围超过了300平方千米，是已知的活动范围最大的豹子。它的家族也是最大的。一只公豹会尽可能多地拥有母豹个体，这样可以确保自己繁殖的优势，能让自己的基因不断散播出去。M2这只豹子在一生中至少拥有过4个“媳妇”，这些年里它们一共生下了超过20只小豹子。它就像一个古代的君王，后宫嫔妃一大堆，生的孩子也一大堆。

M2的寿命也是我们这么多年接触过的豹子里最长的，它至少

2007年就已经出生，直到2019年消失于这片山林。它的寿命可能有12年或者13年，是已知寿命最长的野生华北豹个体。

这样一只公豹的生态价值是非常显著的。首先，它在这么大的范围里要保证自己领地的安全，其实就是要维护自己的母豹和小豹平安生活，特别是让小豹健康长大，不让它们受到其他金钱豹个体或者其他动物的威胁。

一只大公豹也会控制这个地方所有野生动物的数量。比如，它会挑选野猪和狍子作为主要的猎物。金钱豹的存在，是维持当地整体生态平衡，控制野猪、狍子数量的一个非常重要的制约因素。现在很多地方野猪成灾，正说明了虎、豹、豺、狼这些猛兽的消失，导致野猪这些食草动物的数量过多。

介绍了当地的“山大王”公豹M2以后，还要介绍一个它的家属——太行山的“女王”——编号F2。

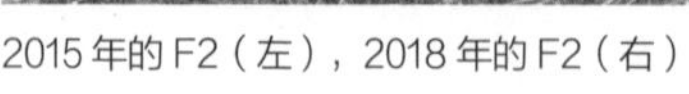

2015年的F2（左），2018年的F2（右）

F2是我们在山里拍到的第二只雌豹，第一次拍到的时间是2015年。对页下方的照片中，是一只我们特别喜欢的雌豹，长得非常漂亮、俊俏；但是到了2018年，我们发现这只豹子垂头丧气，表情看上去特别不开心。到底发生了什么，让一只漂亮的雌豹在短短三年时间里产生了这么大的变化呢?

F2 和三只小豹子

我们在检查数据的时候发现，原来在2017年，这只雌豹生了三只小豹子，并且把小豹子全都抚养大了。这也是我们第一次在野外记录到一只华北豹会生三只幼崽，在过去看到的只有一两只。如果当地的母豹开始生三只幼崽，就说明此处猎物比较充足，或者整个生态系统受到的人为干扰比较少，这样豹子才有足够的食物喂养更多幼崽。

观察母豹，我们看到了一些非常有趣的现象。小豹子刚出生后还不太会走路，原来繁殖的巢穴却受到了一些干扰，它妈妈有时候会叼着它搬家到别的地方去。我们从来都不知道豹子在冬天也可以繁殖：冬天这么冷，小豹子怎么抵御寒冬呢?后来我们发现，母豹有足够的能力让小豹子跟着它一起度过冬天。

母豹和小豹

母豹一直独自抚养小豹长大，在这个过程中，公豹不会来帮助它。公豹在更遥远的地方保卫着它们母子的安全。

F2 和两只快要长成的小豹

华北豹大概在一岁时就会长大。2021年，我们又看到F2带了两只快要长大成年的小豹子。这些逐渐长大的小豹子为我们带来了极大的鼓舞，它们说明这个种群生生不息，在不断繁衍、壮大。这就是我们希望看到的保护成果。

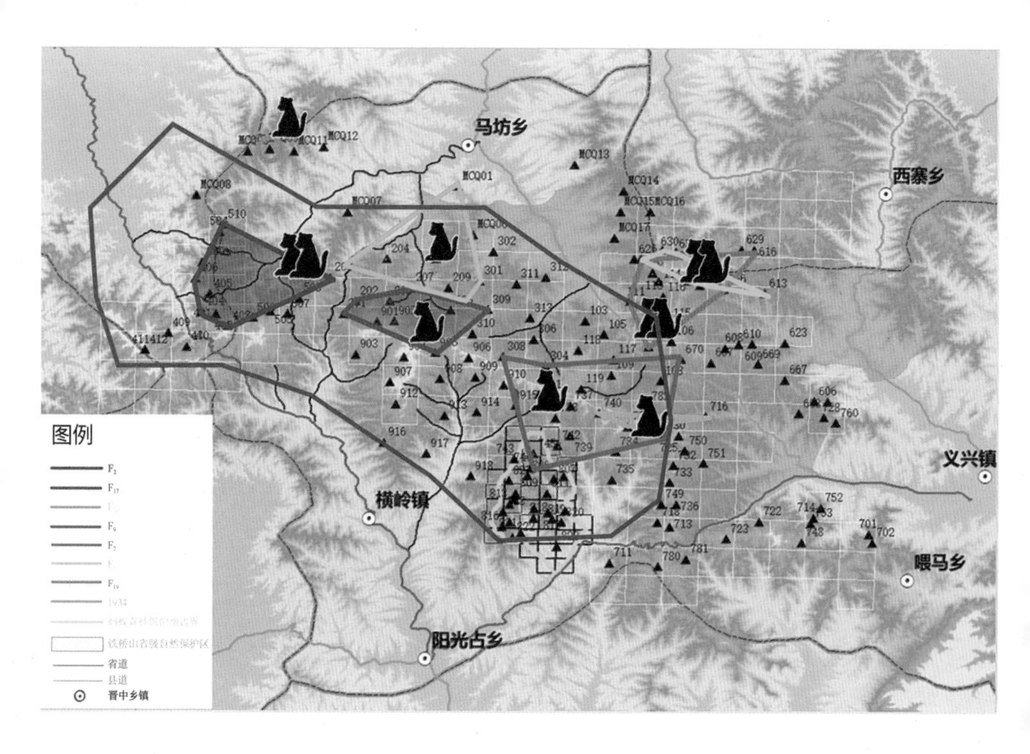

这张图中每个不规则的线框其实都代表一只母豹，黑色的小豹子图标代表母豹生了几个幼崽。左边红色填充的区域就是雌豹F2的领地范围，我们可以看到它的领地在雌豹中也是较大的，而外围红框就是M2曾经拥有的领地范围，我们可以看到这只豹子至少占据了四只雌豹的活动范围，它在当地的活动范围是非常大的。雌豹是建立一个豹种群的关键因素，对我们来说，保护豹的种群最主要的工作就是保护种群中的雌豹。

豹：我的猎物在哪里？

这个问题既是我们关心的，也是豹子们在野外最关心的。

豹是一种在全世界分布非常广泛的动物，从亚洲到非洲都能找

豹的捕食对象

到金钱豹的存在。这种在进化上非常成功的表现离不开豹的一些特性。比如说豹既能上树，又跑得很快，还会游泳。它的适应范围非常广泛，既能在沙漠中活动，也能在森林里活动。

还有一个让豹在进化上如此成功的重要因素，就是豹的食性非常广泛、复杂。豹子一般抓一些中型的有蹄类动物，以太行山为例，它在这里主要吃狍子（俗称“傻狍子”）。这是一种中型的鹿，体重50~80斤。豹子还会吃更大的猎物，如野猪，它们甚至可能捕猎100斤以上的野猪。

与此同时，豹子也能吃一些很小的猎物，比如野兔、雉鸡（也就是所谓的野鸡）。这种广泛的食性让豹子即使是在野生动物相对少的华北山区，也找到了自己的生存空间。

这些年我们看到大量的豹子捕食记录，它们有时候会吃掉农民在山上放的牛，也会引起一些人兽冲突，这同样是保护组织要解决

家牛（左图红圈中），岩松鼠（右图红圈中）

的问题。我们发现雌豹F7和F8在哺育幼崽时，除了野兔以外，还会抓松鼠那么小的动物带回家给小豹子吃。我们过去以为只有豹猫这样的小型动物或者狐狸才会吃这些小猎物，其实豹子也会吃它们。

带豹回家

这里要提出一个非常重要的概念，只有知道了这个概念以后，大家才会理解为什么要关注豹这个物种。

这就是“食物链”金字塔，豹子处于金字塔的顶端；下一层是中小型食肉动物，如狐狸；再下一层是大型食草动物，如野猪、鹿；再下一层是小型食草动物，如野兔、一些野生鸟类以及老鼠；再下一层是植物。这样就形成了一个谁吃谁关系的金字塔结构。从营养的角度来说，是从底层土壤里面的矿物质开始，然后到植物，再到小型食草动物，最后到大型食肉动物，完成了营养的传递。这就是一个完整健康的生态系统表现出来的营养传递结构。

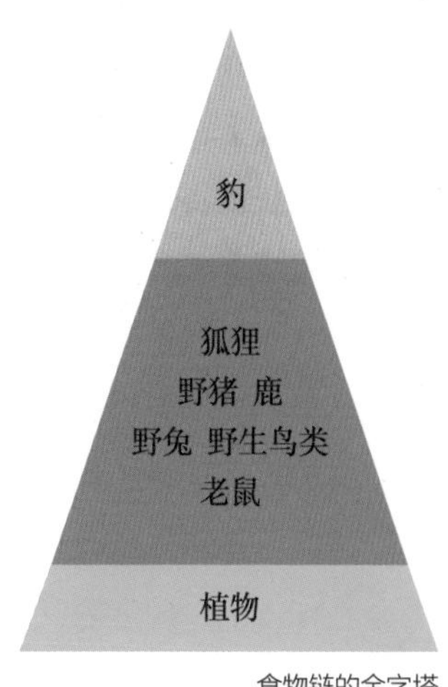

食物链的金字塔

我们关注整个生态系统的时候，往往会从顶端出发。因为只关注下面，比如只关注兔子、野鸡是不够的，关注一个物种就会忽略其他物种。我们关注这个金字塔塔尖的顶级物种时，实际就是要关注这个生态系统里从土壤到植物，再到小型动物，最后到大型动物的所有成员，这样才会起到生态保护的完整作用。

M3

作为一种如此强有力的捕食者，我们完全可以从豹子和猎物的关系上，看出当地的生态系统是否健康。在六盘山，我们看到了一只长得特别胖的公豹子，它在当地的编号是M3。M3确实是凭实力吃成这么胖的，它的体形甚至和一些过度肥胖的家猫一样，但它完全是靠捕猎让自己变得这么健壮的。

豹子M3的出现说明当地猎物非常多，这里的生态系统是健康的。从顶级的食肉动物的生存状态上就可以看出这一点。

全世界有九个豹的亚种，它们分布的范围非常广泛，中国就有印支豹、印度豹、华北豹和东北豹四种，是同时拥有豹亚种最多的国家，其中华北豹只在中国有分布。

从2017年开始，我们就在进行一个恢复华北山地森林系统的保护项目——“带豹回家”，因为在山上这么多年，我们发现虽然山西的豹子有很多，但是在北京这么大面积的山林中一只豹子都没有了。顶级食肉动物的缺乏说明这里的生态系统已经出现了问题。

我们想做的，就是通过各种各样的保护工作，如制止盗猎和优化森林结构，让底层动物增多，最终让豹这样的大型食肉动物重新回到它曾经生活的家园。

2019年，我们发现河北省平山县的革命圣地西柏坡附近出现了一只母豹，2020年又有一只公豹出现在这里。我们非常开心，因为这说明太行山里的金钱豹确实在遵循本能，不断往外扩散。如果我们能提供足够的帮助，它们就可能在一个地方安家并且繁衍生息，用这样的方式逐步重回它们已经离开多年的家园。

我们的希望

猫盟这么多年在山里做的所有工作，都能用上页这张照片很好地表达。我们希望金钱豹能永远在荣耀石旁边晒太阳，在群山中寻找狍子和野猪的踪迹，并且从森林里悄悄潜伏过去捕捉猎物。我们希望这样的场景发生在太行山的每个角落，并且不断持续下去。

思考一下：

1. 动物保护者如何寻找豹子的踪迹？
2. 食物链“金字塔”的各层有怎样的传递结构？
3. 为什么要“带豹回家”？

演讲时间：2021.12
扫一扫，看演讲视频

为保护水中精灵
修筑“气泡长城”

王克雄
中国科学院水生生物研究所研究员

中华白海豚和广东省关系非常紧密。在广东珠江口，有全球最大的中华白海豚群体；在湛江的雷州湾，有全球次大的中华白海豚群体。实际上，在我国东南沿海，从福建一直到广西都有中华白海豚分布。

功能性灭绝的白鳖豚

在了解中华白海豚之前，先来认识另一种动物——白鳖豚。白鳖豚仅生活在我国长江中下游，是我国特有的一种水生哺乳动物。下图这头白鳖豚的名字叫淇淇，在中国科学院水生生物研究所（下称“水生所”）生活了22年半之久。

作者喂食白鳖豚淇淇（1994 年）

从学校毕业之后，我就和淇淇在一起生活。当时它被养在水池里，我的小办公室和淇淇的水池只有一窗之隔，晚上我甚至能听见淇淇呼吸的声音。

淇淇刚到水生所时还非常年轻,特别贪玩。有时我们给它喂鱼，它为了玩水里的救生圈，连鱼都不怎么想吃，最后还是带着救生圈过来吃鱼。后来，淇淇的听力、发声等各种能力都因为衰老而变得非常迟钝。有时我们把鱼放到水里,它都不一定能找得到。再之后，它的牙齿都被磨平了。2002年7月14日那天早上，训练员准备给它喂鱼的时候，发现它已经躺在水底了。

当我出差结束回到水生所时，淇淇已经躺在解剖台上了。很多医学专家给淇淇做了死亡原因鉴定，结论显示，它是因为年纪大了正常死亡的，它身体上大部分器官的功能都在衰退。这是一个非常悲伤的故事。淇淇去世以后，再没有白鱀豚被饲养在人工环境下。

2004年，我们开始筹备一次大型的科学考察活动，希望能在长江里再找到白鱀豚这个物种。2006年，我们组织了7个国家的科学家进行考察活动，这些科学家都是国际知名的专业人士，他们在野外见过很多鲸豚类物种。

我们分别乘坐两艘大型考察船在长江航行了38天，在宜昌和上海之间往返，总共航行了3700多千米。但是，直到考察结束我们都没有找到白鱀豚，甚至连它们的踪迹都没有发现。

因此，我们在国际期刊上发表论文，表示白鱀豚这个物种已经功能性灭绝，也就是极可能灭绝，在野外很难发现。很多志愿者、社会人士也在努力寻找白鱀豚，但多年来一直没能成功。白鱀豚也是近几十年来我国快速衰退甚至灭绝的物种的典型代表。

我国豚类面临的威胁

白鳖豚、长江江豚和中华白海豚生活的环境各不相同，包括淡水河流、河口和近海，它们的外形也不一样，但是它们面临的威胁却是相似的。

白鱀豚（上左）
长江江豚（上右）
中华白海豚（下右）

在各自的生活环境中，它们甚至找不到足够的食物，食不果腹导致种群繁育速度变得非常慢，甚至停滞不前。这是造成物种灭绝的第一个原因。

海上高速航运情况（左）和海上施工活动（右）

造成物种灭绝的第二个原因，是人类对海洋、河口、河流的开发利用过于迅猛，导致豚类栖息地受到很大影响。其中最主要的就是航运和涉水施工等人类活动，导致水下噪声增强，对这些物种造成很严重的影响。

大家可能会奇怪，我们生活在陆地上，感受不到水下的噪声。然而，水下的情况其实和陆地上一样，有各种各样的声音。鱼虾会发声，海豚也会发声，更多的是人为的噪声，比如航运、施工、爆破或者军事试验等。

只能靠声音结缘的豚类

经过长期进化之后，豚类形成了与人类完全不同的感官。人类在陆地上生活，可以凭借视觉、听觉、嗅觉等感官去感知周围的世界。但是对豚类来讲，它们感受水下世界唯一的方式就是通过声音。水下世界漆黑一片，生活在长江的豚类看不清周围的事物，即便看得到也看不远，更没法用嗅觉去感受世界。声音是豚类感受水下世界的唯一渠道。

那么，豚类如何在水里找到午餐？它必须用自己的声呐探测。

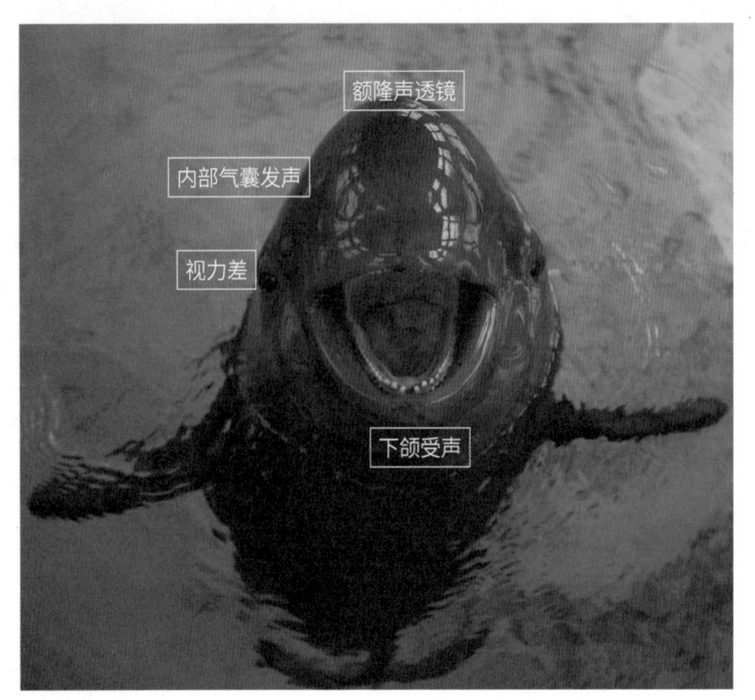

豚类的发声和受声方式

当发出的声波碰到前方目标，并被辨别出是鱼类后，它就能把鱼抓起来吃掉。如果碰到障碍物，它也会躲避；如果碰到同伴同类，它们之间会进行声通信、声交流。所以，声音对豚类物种来说非常重要。

人类和豚类的发声方式其实不一样。人类用声带发声，用外耳倾听。而中华白海豚、白鱀豚、长江江豚等豚类鼻孔下方的鼻道里有3对气囊，空气在气囊里来回运动，就产生了声音。声音在它们头部的前额（额隆）上聚焦，像透镜一样把光线聚焦得很细，形成波束，然后发射出去，才能精确瞄准前面的目标。

豚类也并非通过外耳感受声音。因为外耳在水里会形成很大阻力，不利于游泳，所以在豚类的进化过程中，它们的外耳消失了。豚类通过下颌接收声音，接收到声音之后会传到内耳里。这是豚类发声、受声的整个过程。

此外，豚类的发声频率也和人类完全不同。理论上，人类最高能够发出20千赫兹的声音，实际上能够发出十几千赫兹就是极限了。然而，海豚发出的声音频率都超过100千赫兹，长江江豚最高能发出高达139千赫兹的声音。这是豚类动物的一个特征。

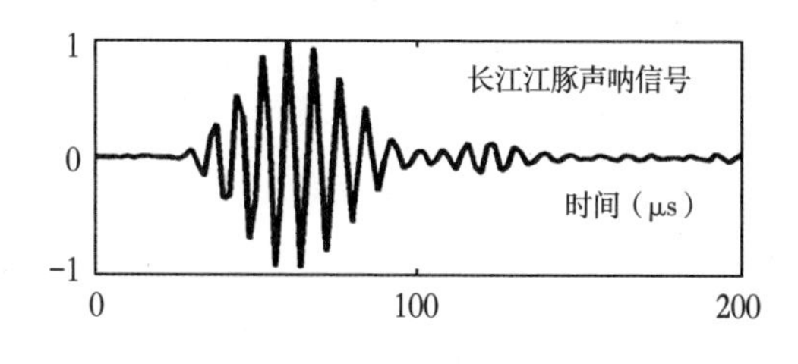

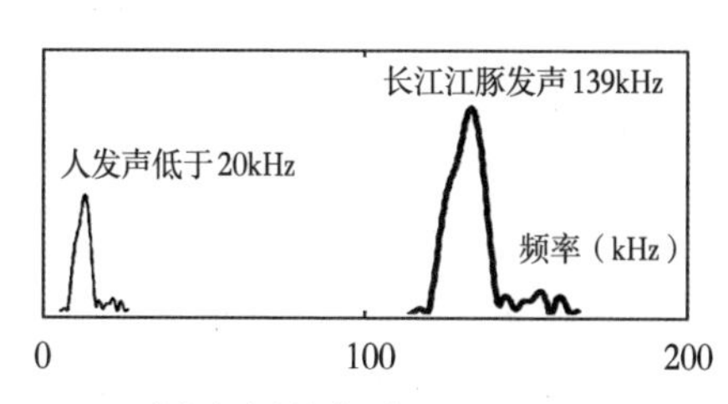

豚类发声速度快（左），同时发声频率高（右）

豚类的另一个特征是发声速度非常快。为了每时每刻都能探测周围环境，豚类发射声音的速度非常快。它们需要在几十微秒时间里发出脉冲信号，然后接收声音的回波。这是人类很难想象到的发声速度。

正因为这些特征，鲸豚类才在水下生活得很好。但是，由于人类引入了大量噪声，它们身上的功能出现了一些变化。

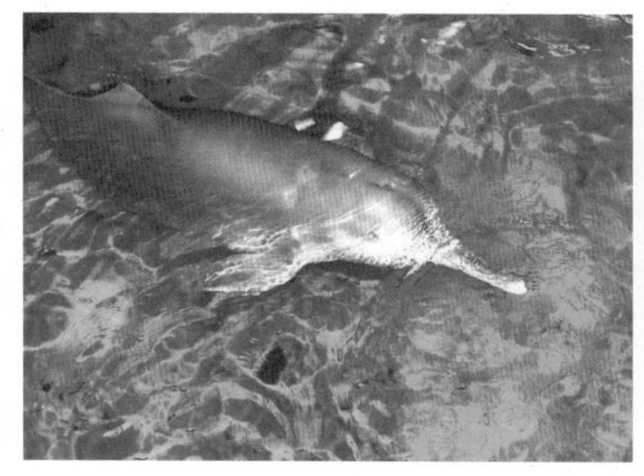

白鱀豚淇淇（左），淇淇与珍珍在一起（右）

豚类同类之间的交流中，每时每刻都离不开声音。淇淇和珍珍是居住在水生所的两头白鱀豚，珍珍来得比较晚，淇淇来得比较早。为了避免打架，它们被分别放在两个相邻的水池里，中间用一块木板挡住。它们看不见彼此，只能通过声音交流。

一段时间之后，它们对彼此的声音都很熟悉了，我们就拆掉了木板。但是它们并没有主动游到一起，还是在各自的水池里对望，不停地发声。我们用仪器记录下它们的声音，也就是“聊天记录”，可惜还没办法破译。

在一个打雷、刮风、下雨的夏天晚上，水下的噪声可能增强了，珍珍所在的室外水池里噪声尤其强。由于恐惧，珍珍主动游到淇淇所在的室内水池里去了。就这样，两头白鱀豚住到了一起。

珍珍的个头较小，我们担心珍珍会受欺负，可后来我们发现，淇淇不仅没有欺负珍珍，反而主动让着它。在喂鱼时，如果珍珍抢到鱼，淇淇往往就不会再抢。贪玩的珍珍也总是追着淇淇在水池里到处游。

除了通过声音结缘，豚类动物之间还有亲密关系和情感交流。它们有很多交流的形式，只是在声音这一形式上体现得更充分。中华白海豚、长江江豚这些营群居生活的鲸豚类通常是一个家族生活在一起，它们需要通过声音交流聚集起来。

为豚类测听力

豚类会发出声音，但它们如果听不到，发出的声音也就没有任何价值。发声和听力是相关联的，所以豚类的听力也十分重要。我们先后测量了白鱀豚、长江江豚、中华白海豚的听觉能力。

我们在早期测量了白鱀豚的听觉能力。大家可能会感到奇怪，怎么测量它的听力呢？声音发出，它又不能告诉我们它听到了没有。实际上，我们的测量另有办法。

在给白鳘豚测量听力时，我们会给淇淇发出一个声音，训练它听到了声音后，主动把头抬出水面。如果持续发声时它没有听到，它就会一直在水下等着。有时声音强度被调得非常弱，淇淇一直听不见，它也会不耐烦，于是就用尾巴往我身上打水，或者在水池里快速游动，把波浪搅得非常高，让我很难在水池里站稳，这是它在表达情绪。

我们现在测量长江江豚和中华白海豚的听力时，不再采用传统行为学的方式，而改用了听觉电生理方式：在水下放置能发出声音的换能器，俗称“水下喇叭”，并在长江江豚、中华白海豚身上贴电极贴。这种电极贴类似医学心电成像的电极贴，对海豚本身不会有任何伤害。

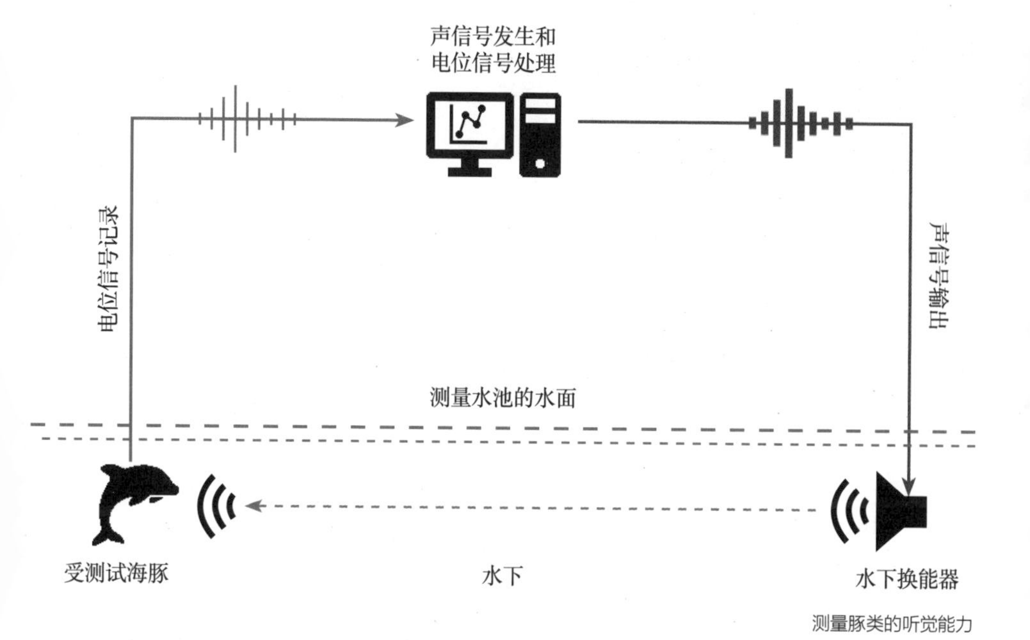

测量豚类的听觉能力

电极会记录海豚体表的电位，长江江豚、中华白海豚一旦听到声音，它们的体表电位就会不自觉地发生变化，我们就通过这种变化来分析海豚能否听到声音。这种方式能准确捕捉它们在听到声音后的反应，测量结果也更精准、可靠。

从听觉电生理的测量结果来看，海豚的听觉能力远远高于人类。人类较敏感的声音频率范围为1千～8千赫兹，但是海豚能够听到频率为45千～100千赫兹的声音，甚至更大范围频率的声音。

我们曾在江西鄱阳湖测量长江江豚听觉能力。在野外测量比较麻烦，我们把长江江豚捕捞起来后放在担架上，然后在它前面播放声音，测量它的体表电极的电位变化。测量结束后，我们再将这头长江江豚放回自然水域里，它不会受到任何影响和伤害。

约13岁的中华白海豚（左）和约45岁的中华白海豚（右）

在中华白海豚的听觉研究中，我们也发现了和人类一样的规律，即年龄越大，听觉能力越差。上图中，左边的中华白海豚的年龄大约13岁，它最敏感的声音频率是45千赫兹。即便把45千赫兹的声音调得非常弱，它也听得见。右边的中华白海豚年龄约45岁，它最敏感的声音频率只有38千赫兹，它对声音的敏感度显然下降了很多。

为什么有很多老年中华白海豚会从河口或近海误入内河？因为它们听力较差，在群体中生活时，它们有时听不见群体里其他个体发出的声音，导致它们脱离群体，在捕食时误入内河里去了。我们可以从身体颜色辨别出中华白海豚的年纪，年幼的中华白海豚身体颜色偏深，而年龄越大，它的颜色就越白。

下图中，两条垂直虚线之间是人类在空气中的听觉范围。人类的听觉范围有限，大部分声音人类难以听见，而豚类能听到更多声

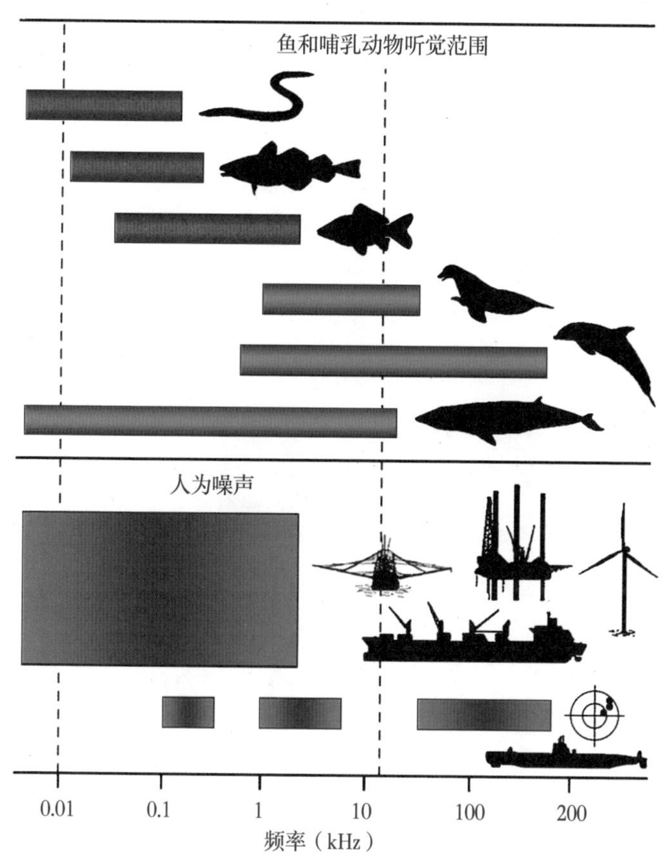

鱼（红色条）、海洋哺乳动物（蓝色条）的听觉频率范围（上）和人为噪声（灰色条）的频率范围（下）（引自 Slabbekoorn 等，2010）

音，它们生活的水下世界是嘈杂的。除了海豚、鱼虾会发声以外，还有人为活动引入的噪声，所以关注水下噪声也是保护豚类的重要措施。

保护中华白海豚的气泡帷幕

2018年，港珠澳大桥建成通车。这座极其壮观的大桥横跨珠江口中华白海豚国家级自然保护区，在建设期间产生了严重的施工噪声污染。

建造大桥与隧道连接的人工岛时，需要把100多根很大的钢制圆筒桩打进海底，围起一块海域填沙造陆。一根圆筒桩直径22米，高40米，要把如此巨大的圆筒桩打到海底去，需要很大的振沉系统施工，在此过程中会产生很大的噪声。

除此之外，桥墩的建设、水下隧道的建设等，都产生了很大噪

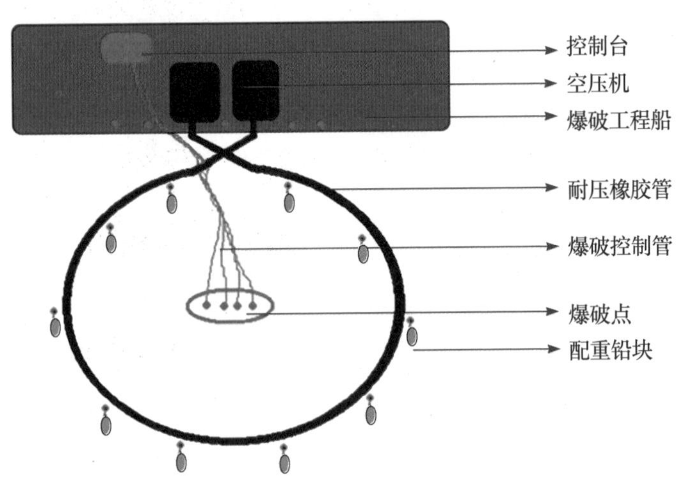

用气泡帷幕保护豚类

声，对中华白海豚造成很大影响。噪声过强会导致中华白海豚声呐探测能力丧失，个体之间的通信能力大大降低，找不到足够的食物或合适的躲避空间，母海豚和幼海豚之间脱离联系等。这些都是对中华白海豚的较大伤害。

针对海上施工噪声污染，我们采取了很多措施，其中最重要的是“气泡帷幕”。气泡帷幕的原理如下：在水底铺一条很长的耐高压塑料管，在塑料管表面打出大量直径1毫米的小孔，然后向管子内注入高压空气。高压压强使气体从小孔里冒出来，一直升到水面上，这样就在水体中形成一圈气泡帷幕。我们在气泡帷幕里面施工，

放管工作（左上、左下）和气泡帷幕实景（右上、右下）（作者在海上试验现场摄影）

海豚在气泡帷幕外面生活，这样它们就不会受到施工噪声的影响。

上页左边两张图记录了布置管道的过程，右边两张图是在水面上看到的气泡帷幕实景，十分壮观。实际铺设的管道大概有500米，在海底围成圆圈。气泡从海底上升到水面时会带走大量噪声能量，因此气泡帷幕就避免了施工对中华白海豚带来更大的影响和伤害。

白鱀豚（左）和长江江豚（右）

水下并非寂静无声的世界，实际上水下世界非常嘈杂，各种声音都存在。人为引入水下的噪声对水体来讲是生态污染，更是对水生动物的污染。豚类对声音非常敏感，人为引入的水下噪声对它们是一种伤害。噪声过强，对它们生命的各个阶段，包括目标探测、捕食、抚幼、个体间的交流等，都会造成极大伤害。我们通过各种方式减少水下噪声污染，也是保护水生物种的技术措施。这既是为了保护豚类，也是为了保护其他会发声的鱼类。保护好鱼类，豚类的食物资源就会非常丰富，这样水下的生态食物链也就能持续发展下去。

思考一下：

1. 造成长江江豚、中华白海豚、白鳖豚等水生动物濒危甚至功能性灭绝的原因有哪些?
2. 为什么说声音对豚类来说非常重要?
3. 帮助豚类抵挡水下噪声污染，人类想出了什么办法?

演讲时间：2021.4
扫一扫，看演讲视频

追踪荒野精灵

杨维康
中国科学院新疆生态与地理研究所研究员，
国家濒危物种科学委员会协申专家

从海拔200米以下的艾丁湖到海拔8000米以上的世界第二高峰——乔戈里峰，新疆地跨高低海拔，拥有十几种复杂的生态系统类型。每个生态系统都孕育着独特多样的野生动物，使新疆成为一个拥有丰富野生动物资源的宝藏之地。

新疆荒漠上，最具有代表性的是两种大型濒危有蹄类动物——蒙古野驴和野马。

观察蒙古野驴

蒙古野驴是国家一级重点保护野生动物，在中国种群数量不超过4000头，其中有3000多头分布在新疆地区。它们主要栖息在中

野驴

国和蒙古国接壤的广袤戈壁地带。从外貌上比较，蒙古野驴神采奕奕，家驴则显得垂头丧气。

除了蒙古野驴，新疆的戈壁滩上还栖息着一种荒漠羚羊——鹅喉羚。这是一种特别可爱、灵巧的小羚羊。

鹅喉羚

要研究野生动物，首先需要找到它们。因此，我们会驾车进入保护区或无人区，站在车顶上用高倍望远镜登高观察，寻找野生动物的存在。我们使用20～60倍的高倍望远镜，通过环视扫描，可以将半径3千米范围内的野驴和鹅喉羚找出来。然而，这需要经过专业的训练，因为非专业人士在高倍望远镜下观察可能会眩晕、恶心。

观察野生动物不分酷暑严寒。冬天，我们曾在零下30摄氏度的极寒条件下进行野外观察。零下30摄氏度是什么概念呢？在这样的条件下，只需在户外待上3分钟，手和脚就会失去知觉。同时，装备了锂电池的数码相机只能拍摄三四张照片，电池电量就会耗尽，必须将相机带回车内使用暖风机加热。为了拍摄，这个过程要如此反复多次。而到了夏季，我们有时候要在40摄氏度的高温下工作，但必须穿长袖长裤，否则皮肤会被晒伤。

在高倍望远镜下看到的蒙古野驴。当我们“偷窥”它们的时候，它们也同样在看着我们

这张照片展示了一群蒙古野驴，其中有几头正朝镜头奔跑而来。这个地方是一个水源地，在七、八月时，整个保护区非常干旱，可供饮用的水源地非常稀少，因此大量野驴会聚集在此处饮水。

这张照片是怎么拍摄到的呢？当时我与一名研究生首次前往保护区，出发之前特别提醒他要悄无声息地观察野生动物。然而翻过山头时，一群野驴突然出现在我们面前，还没来得及示意大家静音，他就大声喊道："野驴！"然后冲向驴群。不出所料，所有野驴都被吓得飞快地逃离了。他立刻意识到了自己的错误，但我理解他第一次发现野生动物那种兴奋的心情。

寻找野驴的第二个方法是辨认它们留下的痕迹。下页图拍摄于保护区，为什么这样的无人区还会有如此错综复杂的道路呢？实际上，这是野驴踩出的道路。这可能就是"世上本没有路，驴走得多

了就变成了路”吧。

仔细观察这条道路，可以发现什么细节？利用一支笔作为参照物，我们可以对比下面这两张照片，左边照片中的驴蹄印较大，而右边照片中驴蹄印较小。可以推断，这是野驴妈妈带着年幼的孩子向前行进时留下的。

大驴和小驴的驴蹄印

确实，驴道可以给我们提供丰富的信息。通过观察驴蹄印的新鲜程度，我们甚至可以判断野驴当天早上刚刚走过还是已经走过几天了。此外，驴蹄印的交叠程度也可以提供线索，从中可以判断出是三五头驴一小群经过，还是三五十头驴一大群经过。

通过以上方法，我们可以了解野驴和其他需要保护的野生动物的基本情况，例如它们的饮食习性、饮水地的情况、栖息地的选择和生存状况是否良好等，这有助于解决可能出现的问题。

蒙古野驴吃什么以及能不能吃饱是值得关注的一大问题。我们使用一种非常直接的研究方法，那就是研究它们的粪便，而且是越新鲜的越好，因为食物与粪便之间存在直接联系。

观察记录完一群野驴后，我们会迅速开车驶向它们，这时野驴自然会惊慌地狂奔而逃，但通常会留下一些粪便供我们研究。排粪是野驴在紧张时自然而然的反应，排完粪便后它们会逐渐放松，并且身体的重量也减轻了，这更有利于它们加速逃离。

通过粪便样本，我们可以进行植物样方的调查。简单来说，植物无法被野驴完全消化，因此粪便中会留下一些残渣。我们将这些残渣分离出来，然后用显微镜观察和分析。

每种植物细胞壁的大小和形状都不相同。野驴的粪便样本中能观察到40多种不同植物的细胞壁结构。通过对比保护区中所有植物的样本，我们可以确定这40多种植物细胞壁结构所属的具体植物种类，确定野驴的食物选择以及这些植物在野驴食物中所占的比例，进而提出有针对性的保护措施。同时，我们还能评估放牧家畜与野驴之间食物竞争的强度。

通过对野驴食物的研究，我们就能制定出一系列切实可行的濒危动物保护措施。

野外工作的春夏秋冬

在人们的想象中，大漠是一派苍凉、荒芜的景象。然而，戈壁沙漠也有非常美丽的一面。荒漠的土壤中保存着各种植物的种子，这些种子可能长时间处于休眠状态，经过10年、20年甚至更久的时间仍未发芽，但在某个特定的时刻，它们会突然迸发出生机，努力地向上生长。这是什么原因呢?

春赏花

如果荒漠中难得一遇的降雨发生在温度适宜的春季，这时所有的植物就开始迅速萌发。经过一场暴雨，几天后荒漠就会宛如一个巨大的花园。几十平方千米的土地上全覆盖着一种被称为小甘菊的植物，它们散发着淡淡的香味，美不胜收。这是大自然给予我们的珍贵回报。

夏季，我们休息时可以席地而卧，看看天上的云，谈谈人生、理想、爱情与事业。

夏望云

秋观鸟

到了秋季，一场秋雨过后，低洼地积水，成千上万只候鸟会停留在水源地饮水。那种万鸟齐飞、百鸟争鸣的景象非常震撼。只有经常深入保护区，才能有幸遇到这种十年甚至百年一见的景象。

下页这张照片拍于冬季。我们在保护区的道路上开着车，看见距离车辆10米左右的地方有一只鹅喉羚正在吃草，它也抬头看着我们，为避免惊扰到它，我们并没有摇下车窗，就用相机拍摄了这张照片。

万物寂静无声，我们就这样对视了大约20秒钟。如果用一句歌词来描绘这个场景的话，那就是“我慢慢地听雪落下的声音”……

冬听雪

有马自远方来，不亦乐乎？

野马是我国国家一级保护动物，与家马相比，野马的鬃毛短而直立，尾巴更类似驴尾，毛发短且稀疏。野马又是一个带有悲情色彩的物种。1878年之前，全世界只有一种野马被人们了解，那就是欧洲野马。然而，欧洲野马在1876年已在野外完全绝迹。

1878年，一个叫普尔热瓦尔斯基的俄国人在新疆考察时发现了另一种野马，并采集了标本。这一发现被报道出来后，全世界都为之震动。人们这才意识到世界上存在两种不同的野马，这种新发现的野马被称为蒙古野马或普氏野马。

普氏野马

由于长时间的捕猎、过度占用草场和水源地的无节制放牧，在普氏野马被发现后90年，也就是1969年，国际组织宣布普氏野马在野外灭绝。这意味着仅存的两种野马都已经在野外彻底消失。

在普氏野马被发现的第12年，一个名叫格里格尔的德国人来到中国，并成功捕捉了53匹普氏野马的幼驹，将它们运回德国人工饲养，最终只有13匹幼驹存活下来。现在全球所有的野马都是这13匹野马的后代。

随着欧洲和美国圈养野马数量的增加，欧洲成立了国际野马保护组织，该组织的终极目标就是让野马回归它们的家园。野马的真正家园不在欧洲，也不在美国，而在我国新疆和中亚荒漠地区。因此，他们联系了中国政府，表示愿意将一批野马运到中国饲养繁殖。

1985 年建立的新疆野马繁育研究中心

我国政府对这一事项做出了积极回应，并于1985年在新疆昌吉州吉木萨尔县建立了野马繁育研究中心。1985年至1991年，在国际野马组织的协助下，我们陆续从英国、德国和美国引进了18匹野马。经过精心饲养，到2004年时，我们已成功繁育了超过200匹野马。

在这一过程中，我们在2001年尝试了野马的野外放归试验。我们深知仅仅圈养濒危野生动物并不能实现真正的保护价值。对保护生物学而言，最终目标是让野生动物回归它们的家园，回到自然界中，这才是真正的保育和恢复。

曾有两名德国专家从哈萨克斯坦经由北京回德国，中途在乌鲁木齐停留两天，他们想要了解新疆野生动物。谈起去哈萨克斯坦的目的，两位德国专家说是想去观察那里的十几匹野马。然而，我国新疆的野马繁育中心拥有100多匹野马，并且也成功在野外释放了30多匹，两位专家却表示对此一无所知。他们只知道之前给我们运回18匹野马，后来听说这些野马都已经死亡。

两位德国专家被带到野马繁育中心，在看到野放的野马后他们大吃一惊：野马不仅没有死亡，还被养得这么好！于是他们表明想再运来一批野马，进一步增加野马种群数量和多样性。

目前200多匹野马都是那18匹野马的后代，我们当然需要新的血统以避免近亲繁殖问题。经过两年的谈判，新疆野马繁育研究中心和德国科隆动物园最终达成协议，决定将6匹雄性野马运送到乌鲁木齐。

2005年9月7日，德国汉莎航空公司的一架大型货机成功降落在乌鲁木齐。不过，其间还经历了一段小插曲：这架飞机从慕尼黑起飞，途经阿拉木图卸了些货，最终目的地是上海，起初没有在乌鲁木齐停留的计划。我们迅速与新疆航空公司机场方面取得联系，机场方面也同意了我们的请求，愿意为我们破例做出安排。于是，在特别安排下，货机在乌鲁木齐机场停留了30分钟，成功卸下了六个箱子，每个箱子中都有一匹珍贵的野马。

由警车开道，6匹宝贝野马顺利抵达野马繁育中心。其中，3匹野马与一些母马配对后被放归自然，另外3匹野马则留在繁育中心作为种源，用于改良马群的基因。

然而，野马的放归涉及许多科学问题。首先，野马离开家园已有100多年的时间，我们需要评估它们对新环境的适应能力。其次，释放野马的区域必须春夏秋冬都有草地和水源，人类活动的干扰也要尽可能地减少。

从2005年到2007年，我们一直致力于为野马寻找一个最佳的野放地，思考着野马应该被放归何处，如何施行保护措施，如何保

在野外考察水源地

证野马的饮用水源……经过千挑万选，我们在新疆喀拉麦里山保护区选定了三四个适合放归野马的区域。

野马的快乐生活

我们都知道，人类与动物之间最大的区别之一就是我们拥有语言，动物却没有。我们的交流方式非常精确、高效，易于理解彼此。那么，动物是如何进行交流的呢?

有两匹马正在吃草，其中一匹突然停下来，昂着头想了想，然后跑到另一匹马附近。第二匹马也停下来不再吃草。第一匹马走到

野马挠痒

第二匹马身旁，咬了咬第二匹马肩胛骨后部的位置。令人意外的是，第二匹马也回过头咬咬第一匹马身上同样的位置，然后它们又继续各吃各的草。

原来，这是野马挠痒的方式。马的身上有个部位是它们自己很难挠到的，就是肩胛骨后面的位置。一匹马感到痒痒，就想让别的马帮它挠挠，它会先去挠第二匹马身上同样的位置，第二匹马就会立刻明白它的意思。

除此之外，野马还展现出令人感动的行为。2003年，野马们第一次生下小马。出生头三天的小野马主要是吃奶和睡觉，它的移动能力还很差。清晨时分，野马妈妈喂完奶后，就会守在小野马身旁，让阳光照射在小野马身上，让它感受温暖。

在阳光特别强烈的时候，小野马的妈妈就会站在它身旁，为它遮阴。随着太阳的移动，野马妈妈会不断调整位置，在中午最炎热的几个小时里确保小马一直处于她身体的阴影之下。这是一项相当辛苦的工作，野马妈妈必须放弃自己的饮食和休息，全心全意守护小马。这可能就是母爱在野马身上的真切体现。

截至2018年，喀拉麦里山保护区已拥有20多个野马群，总数超过200匹，形成了一个庞大且稳定的种群。让野马们回到它们的故乡，自由驰骋在家园中，将是我们不会停止的工作。

野马妈妈与小马驹

让野生动物安全过路

截至2018年年底，中国的铁路总里程达到13万千米，公路总里程已达480万千米；目前，新疆的铁路总里程已超过6000千米，公路总里程已达19万千米。

随着公路和铁路交通工程不断增加，野生动物受到严重的威胁，这些交通工程正在切割野生动物的栖息地和生境。这样的切割将野生动物隔绝，它们无法穿越、无法通过，许多濒危物种极有可能灭绝。此外，公路也有可能成为野生动物的直接威胁。

对于那些为了生存不得不穿越公路的野生动物来说，如果车辆行驶速度过快又缺少通道，车祸就会发生，这是我们不愿见到的情况。解决这个问题的方法之一是让动物在公路上方通过，车辆在下方行驶，互不干扰。或者借鉴青藏铁路的做法，在上方架设高架桥，让铁路位于上层，驴、马等动物则在下方通行。这些都是可行的解决方案。

国外建设的上跨式通道

近年来，大量有关保护区和重要野生动物栖息地的现场的勘验工程项目开展起来，野生动物保育研究结果被转化为指导建议，让相关部门了解了公路应该怎么选线、修建，野生动物会在哪里穿越，也了解了可以在道路交叉点处设计上跨式或是下穿式的通道。

我们的研究对象是野生动物，我们的目标是为它们提供保护。

目前，全新疆从事野外濒危野生动物研究和监测的团队不超过3个。希望有更多有识之士加入我们的研究团队。

科研不仅仅是写几篇论文那么简单，更重要的是急国家之所急，想国家之所想。我们必须将科研工作应用于解决重大工程建设与生态自然保护之间的矛盾。我们的目标是化解这个矛盾，实现国家和整个社会在经济发展和自然保护方面的双赢。

思考一下：

1. 科学家如何找到蒙古野驴？
2. 为了保护野马，我们国家做了哪些工作？
3. 为了保证穿越公路动物的安全，科学家们想出了什么办法？

演讲时间：2019.6
扫一扫，看演讲视频

熊蜂故事

葛瑨
中国科学院动物研究所助理研究员

熊蜂惹人爱

熊蜂是一种外形像熊的蜂类昆虫。它与蜜蜂有很多不同。熊蜂的个体比蜜蜂稍大，四肢也更加粗壮，身上还覆盖着茂密的绒毛。它的外观非常迷人，毛茸茸的身体宛如玩具般可爱，单是看着它就让人感到心情愉悦，仿佛有种治愈的力量。经典的动画和电影形象变形金刚大黄蜂“Bumblebee”实际上就以熊蜂为灵感，同时也借用了熊蜂的英文名。

熊蜂的生活习性非常独特。与蜜蜂一样，熊蜂也是群居生活，且有蜂王和工蜂之分。在上图中，右边体形较大的那只就是蜂王，和人类大拇指的第一个指节大小相当，是旁边工蜂体形的2～3倍。蜜蜂的蜂王是出了名的好吃懒做：除了吃和睡就是产卵，几乎没有其他工作。然而，熊蜂的蜂王可不一样，它承担着建筑整个蜂群的重任。除了产卵，它还会外出劳动，是个“多面手”。

熊蜂不仅外形“萌萌哒”，还有非常重要的实用价值，那就是为温室大棚中的瓜果蔬菜授粉。上图中的植物是一株番茄，它的花柄上有许多细毛。番茄花的外观并不十分吸引人，可以说有些朴实。因此，大多数传粉昆虫都有些“嫌弃”番茄，更何况番茄植株还会散发出刺鼻的气味。然而，熊蜂对这一切毫不在乎，短短几十秒时间，它就能高效地收集一株番茄的花粉。

这样一种可爱又有才华的昆虫，有谁能拒绝它呢?

熊蜂哪里找?

在研究熊蜂的时候，要先解决一个难题:去哪里找熊蜂? 大量的文献资料记载，熊蜂的蜂王在冬眠结束后，会寻找花朵采食花蜜。

在北京，山桃花是熊蜂蜂王的最爱。找遍城区却无功而返后，我们终于在更远的郊区——靠近河北的雾灵山山谷中，发现了熊蜂

北京的山桃花

蜂王的踪迹。尽管有许多蜂王来访问山桃花，但它们访花的位置非常高，移动速度又极快。因此，蜂王很难捕捉。

有没有更好的方法捕捉蜂王呢？熊蜂的蜂王在采集完花蜜后，通常会飞向地面，这是因为它们要寻找巢穴，在此时相对容易捕捉到它们。我们都听说过孟母三迁的故事，但熊蜂对巢穴的要求可比

孟母迁居严格得多。

对熊蜂来说，有两类非常理想的巢穴。一种是鼠类或者蛇类的洞穴，另一种是石墙的缝隙或者是树洞。它们的位置都非常隐蔽。然而，这样的隐蔽巢穴在野外非常稀缺。所以，熊蜂在寻找巢穴时很谨慎，飞行得很慢，这样就为捕捉熊蜂蜂王创造了机会。

捕捉到蜂王之后，我们要用采虫管把蜂王小心翼翼地扣起来。采虫管是一种特制的容器，它底面的6个孔是为了保证熊蜂蜂王透气，白色塑料材质是为了隔绝视觉的干扰，让熊蜂蜂王很快进入安静的状态。之后，采虫管被放到一个保鲜盒里面，保鲜盒下面有冰袋。在这样的冷却环境里，蜂王很快就睡着了，一觉醒来它就已经在实验室中了。

熊蜂如何养？

历经千辛万苦捕捉到很多蜂王，并不意味着培育将一帆风顺。

尽管蜂王在实验室环境中可以产卵，卵也能发育成工蜂，但是工蜂总会莫名其妙地死亡。

上图中，那些翅膀向上翘起的就是死去的工蜂。解剖这些工蜂发现，它们的消化道出现了溃烂现象，换言之，它们出现了腹

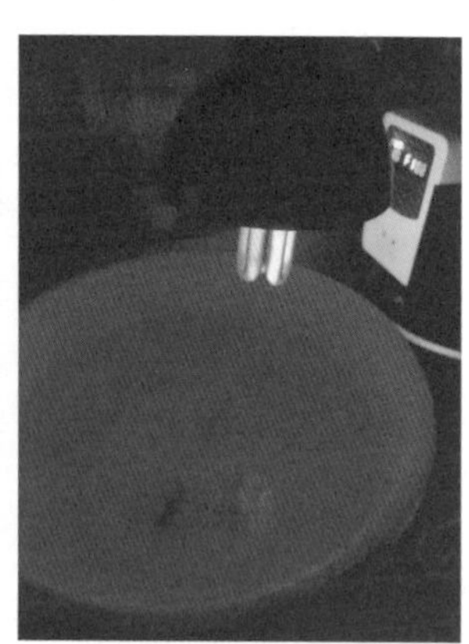

被寄生的蜂蛹（左）和黑光灯照射（右）

泻的情况。这是为什么呢？原来，野外的工蜂吃新鲜花蜜，但在实验室里，它们只能摄取糖水。经过一段时间，倒扣的管子中放置的糖水很容易变质并滋生微生物。在向糖水中添加了一种叫作山梨酸钾的食品添加剂后，工蜂就不再出现腹泻的情况，能够愉快地活动了。

旧问题刚解决，新打击又来了。一些工蜂无法正常地脱茧而出。当我们将剖开的茧放置在显微镜下观察时，看到的景象令人震惊——每个熊蜂蜂蛹上都聚集了许多黑色的小虫！这种小虫被称为小蜂，是一种寄生虫。它们在熊蜂的蜂蛹内产卵，导致熊蜂无法正常羽化。

既然找到了“罪魁祸首”，那接下来就要将其“捉拿归案”。然而，小蜂的体形非常小，甚至不及蚊子的三分之一。因此，使用黑光灯诱捕它们是个好办法：利用黑光灯释放的紫外线将小蜂吸引过来，并在黑光灯下放置一个水盆，第二天上午，就会发现数百只小蜂的尸体漂浮在水面上。寄生虫问题终于得到解决。

在成功消除了以上两个不利因素后，熊蜂蜂群终于可以正常发展了。下图是一个非常健康的蜂群，蜂蜡呈现鲜艳的黄色，蜂王产下了许多卵，幼虫和蜂茧的发育也非常正常，工蜂的皮毛也闪耀着鲜亮的色彩。

在精心照料下，不到两个月的时间，这个蜂巢就发展成为有超过200只工蜂的超大群体。这样的规模在野外也非常罕见。

接下来，培育好的熊蜂被放入纸盒中，来到农业合作社的农户们手中，我们得以观察熊蜂在授粉方面的表现。每群熊蜂都在不到一周的时间内完成了一亩（1亩约等于667平方米）番茄地的授粉工作，可谓高效。番茄产量大丰收，坐果率和果实重量都不亚于使用国外熊蜂授粉的番茄。

除此之外，人工授粉的番茄和熊蜂授粉的番茄也大不一样。下页图左边的是人工授粉的番茄，虽然看起来更大，但形状似乎不够圆润，果肉也发白。如果我们闻一闻，它并没有什么香味。下页图

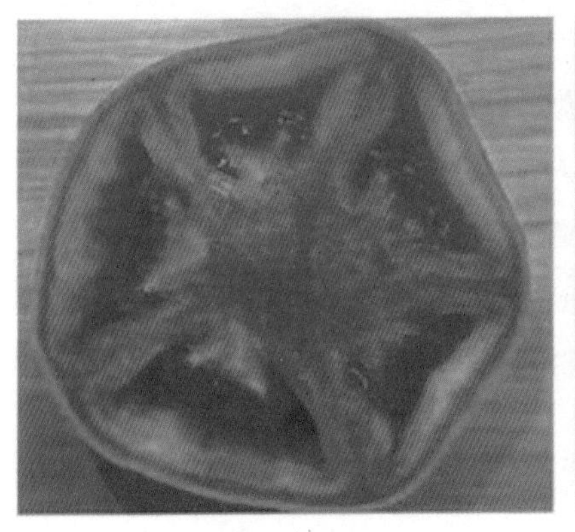

左：人工授粉的番茄　右：熊蜂授粉的番茄

右边的则是熊蜂授粉的番茄，它不仅外观圆润饱满，整个番茄呈现红色，还散发着独特的番茄香气。

遗憾的是，目前在超市还购买不到熊蜂授粉的番茄。

工蜂爱打架

在饲养熊蜂的过程中，我们也发现了一些很有趣的现象，其中最令人感兴趣的就是工蜂打架。

熊蜂的蜂王非常辛苦，它要承担许多劳动，这意味着它更劳累。实际上，熊蜂蜂王的寿命要比蜜蜂蜂王短得多。当熊蜂蜂王身体强壮时，整个蜂群的工蜂都听从它的指挥。但当蜂王开始衰老时，一些不安分的工蜂会形成小团体进行激烈的争斗。

为了研究工蜂的打斗行为，我们必须将工蜂从蜂群中挑选出来。这是一项极具挑战性的任务，因为工蜂会蜇人，而且它们的螯针相当厉害。如果一开始不知道这一点，以为只需戴上橡胶手套就行的话，工蜂就会立刻给你"当头一棒"，把你的手蜇得红一块白一块。

想采取更全面的防护措施，就要购买特制的厚防蜂衣并戴上防蜂蜇手套。除了预防熊蜂蜇人，还要防止熊蜂飞出来。如果既没有防护措施又对蜂毒过敏的人遇上逃脱的熊蜂，就可能要前往医院接受治疗了。为此我们想出了一个完备的策略——在红光下操作。因为熊蜂对红光不敏感，所以打开蜂箱盖时它们会以为是晚上，这样就无须担心熊蜂伤人了。

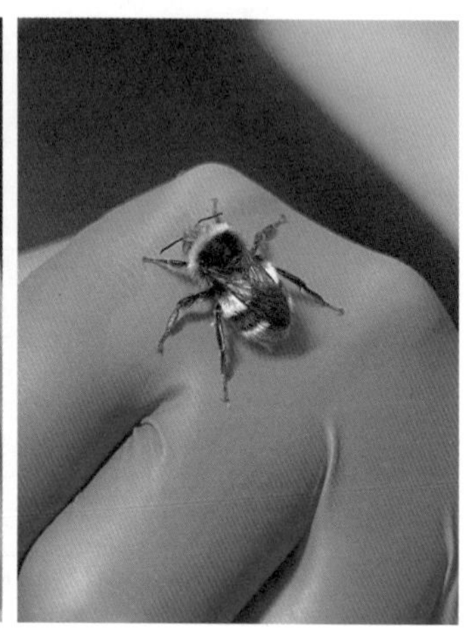

刚从蜂茧中羽化的工蜂也被称为“0日龄”工蜂。换句话说，它们就像新生儿一样，毛色是白色的，并且没有“社会经验”。它们被挑选出来后放入小盒中，还要在身上放置不同的小标签。这些标签的用途是什么呢？熊蜂们非常相似，很难分辨它们的个体特征，因此就要使用特制的标签来区分每个个体。凭借多种颜色和数字标记，这些标签能帮助我们准确区分上百只熊蜂的身份。

要观察打斗行为，就要为每只工蜂搭配对手，于是我们将这些带有标签的工蜂两两放置在培养皿中。随后，我们使用红外摄像机对熊蜂的打斗行为进行了长时间的观测。

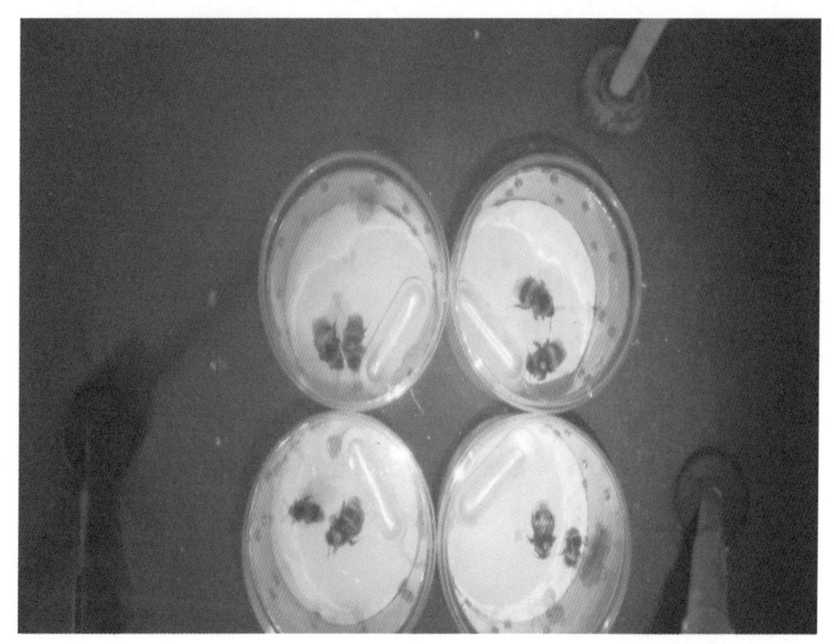

用红外摄像机观察熊蜂

在为期一周的时间里，我们录制了10对熊蜂的行为，总共获得了1680个小时的录像。这些录像记录了每对熊蜂打斗的动作。之后，我们花费了近三个月的时间逐帧回放和分析这些录像，发现了非常有趣的现象：尽管熊蜂的打斗形式多样，却存在一定的规律性。

将熊蜂配对放在一起后，它们之间一开始相对和平。最初的两天里，它们并没有肢体接触，只通过腹部的搏动热身，就和人类在摩拳擦掌一样。然而，到了第三天，战斗突然升级。其中一只工蜂会用牙齿咬住另一只工蜂的牙齿，我们称之为钳制。一旦发生钳制，两只工蜂就会摔抱在一起，我们也无法分辨谁在打谁。这种行为被称为扭打。在扭打之后，两只工蜂开始相互振动翅膀。最后，一只工蜂还可能用头部撞击另一只工蜂。

尽管扭打这个动作只发生在几分钟内，但它对判定胜负非常关键。在扭打之前，两只工蜂势均力敌；扭打之后，它们就很快了解了对方的实力，输赢就见分晓了。尽管扭打过程非常激烈，但我们从未观察到一只工蜂蜇伤或蜇死另一只工蜂的情况。这表明它们的打斗非常文明，就像一种仪式。

工蜂为什么要打架？

扭打之后，这两只工蜂一只赢了，另一只输了。我们将赢了的胜利者叫作阿尔法蜂，输了的失败者叫贝塔蜂。失败的贝塔蜂会不断躲避阿尔法蜂，它已经感到害怕，不会再挑战阿尔法蜂的地位。

熊蜂的工蜂进行这种仪式化的打斗是为了什么？带着这个疑问，我们解剖了配对后一周的两只雌性工蜂的卵巢。我们发现，胜

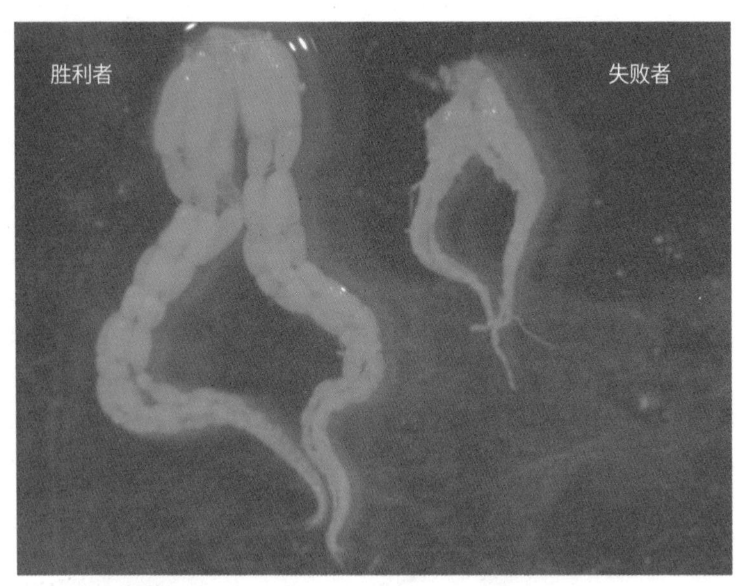

胜利者的卵巢开始发育，成为“诸侯”

利工蜂的卵巢发育良好，失败工蜂的卵巢发育水平则保持在非常低的基准状态。

那么，胜利的工蜂有可能成为蜂王吗？很遗憾，它们不可能成为蜂王。因为胜利的工蜂无法与雄性蜂交配，它们产下的卵子通过孤雌生殖发育成为雄性蜂。因此，一只胜利的工蜂最多只能成为拥有领导地位的“诸侯”，而无法成为蜂王。

到目前为止，对熊蜂工蜂打斗的研究初步得出了一些结论，但我们仍然希望能通过一些方法来加快工蜂打斗过程的分析。因此，通过与中国科学院微电子研究所的教授合作，我们利用计算机视觉的算法开发了一种能够自动识别工蜂打斗和非打斗状态的方法。

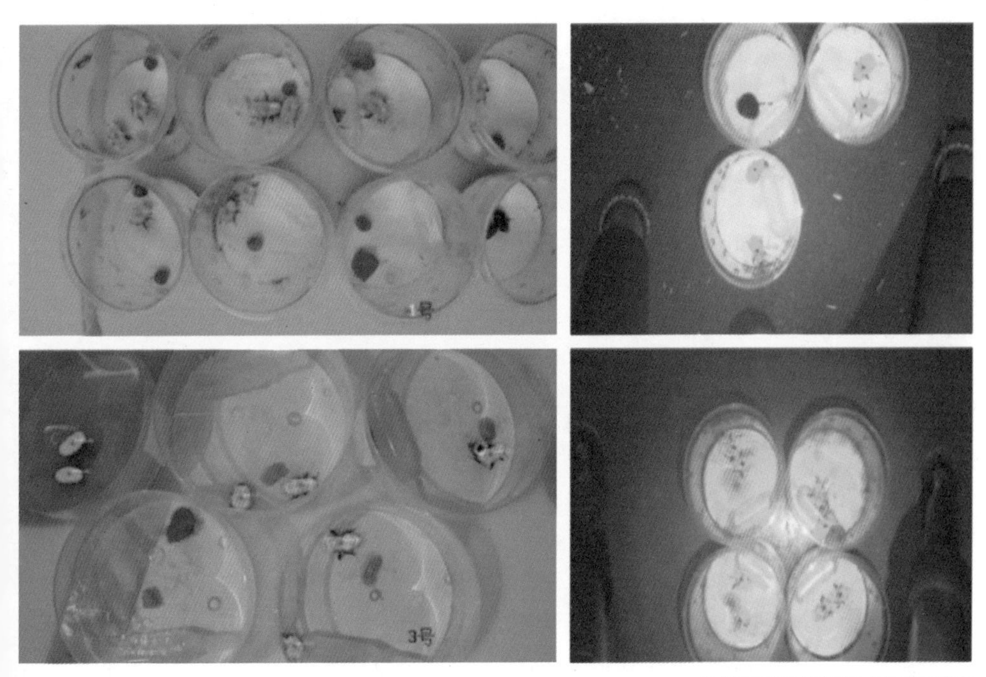

计算机视觉处理帮助分析熊蜂状态

上页图中，绿色标记出两只和平相处、没有冲突的工蜂，红色则标记出两只抱在一块儿、发生冲突的工蜂。有了这种能一下看清楚到底哪些工蜂在打架的算法，我们终于不用花三个月的时间看视频了。

熊蜂是一种非常可爱的昆虫。希望大家在了解熊蜂之后，更能喜欢熊蜂，最后爱上熊蜂。

思考一下：

1. 熊蜂蜂王与蜜蜂蜂王有什么不同？
2. 在捕捉熊蜂和饲养熊蜂时我们要注意什么？
3. 从用三个月时间人工观察工蜂的活动，到用计算机算法自动识别，你获得了什么启示？

演讲时间：2022.7
扫一扫，看演讲视频

甲虫甲天下

刘晔
国家动物博物馆昆虫展区策划人

种类繁多的甲虫

为什么说“甲虫甲天下”？我们首先看一看什么是甲虫。

甲虫最主要的特点是特殊的翅膀。普通昆虫有四片翅膀，前翅和后翅都可以用于飞行；但甲虫的前翅不能用于飞行，而是固化成了一种特殊结构，叫作鞘翅。鞘翅非常坚硬，像坦克装甲一样。甲虫的后翅用来飞行，不飞的时候后翅就缩在身体后面，被鞘翅盖好，这样甲虫就成为一辆“小坦克”了。

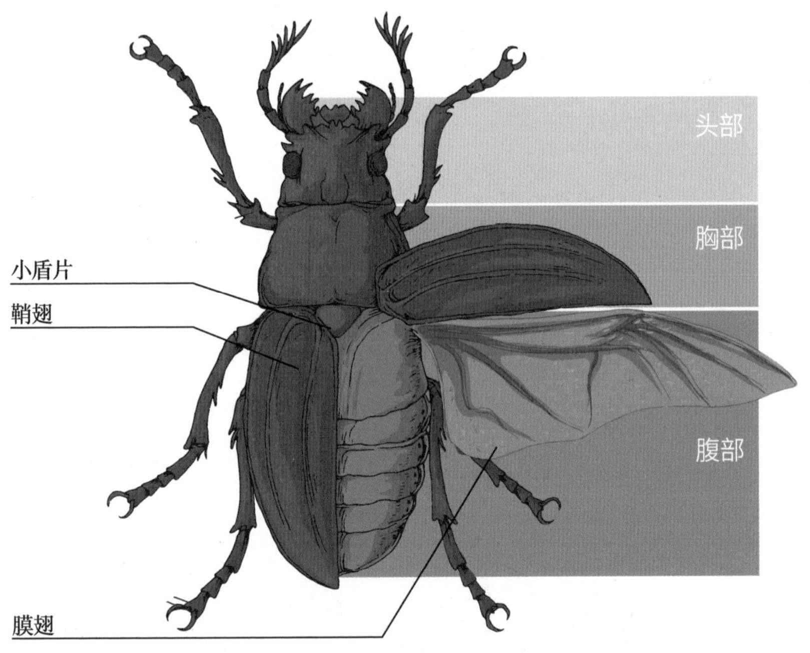

甲虫的身体结构示意图

不飞的时候，甲虫的身体坚固无比。它能硬到什么程度？举个例子，菲律宾有一种硬象甲，人们把它们放到脚底下用力踩、使劲踩，结果把脚抬开后，甲虫抖抖身子，自由自在地飞走了，就像身穿盔甲的“钢铁侠”。

由于这种特性，甲虫在地球上的生存能力得到了极大提高；又由于生活习性的分化，甲虫的种类也非常多，有吃花、叶子的甲虫，有吃树皮、树干和蛀木头的甲虫，还有推粪的屎壳郎——吃屎的甲虫，甚至还有些甲虫是吃尸体的。

地球动物种类数目比例

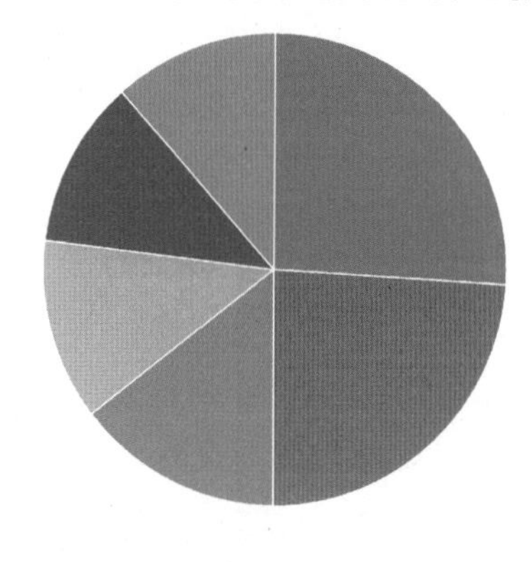

甲虫的种类非常丰富，在地球上是当之无愧的王者。在这张地球动物种类数目比例统计图中，浅蓝色部分就代表甲虫，它的种类数目在饼状图中所占面积最大。小小甲虫在种类数目上打败了动物界的所有对手，地球上所有鸟类、哺乳类、鱼类的种类加起来都不如甲虫的种类多。

研究还发现，在白垩纪时期甲虫的种类就非常丰富了，甚至比现在更多。到了现代，由于环境破坏、温室效应还有一些干扰，甲虫种类的规模正在缩减。

最大与最小

甲虫的种类这么多，那么最大的甲虫和最小的甲虫分别是什么呢?

其实，“最大的甲虫”有好多竞争者。科学家很不喜欢绝对地说“最大的就是它了”。而且，甲虫虽然有硬壳，但是腹部的节间膜是软的。就像人类自己，踮踮脚就显得高一点儿，顶顶肚子就显得胖一点儿。昆虫也是这样，它们吸气的时候身体就长一点儿，呼气的时候身体就短一点儿，所以没法精确测量，只能估测。

一般认为最大的甲虫是泰坦天牛（左图），泰坦是希腊神话里的神族。还有一种比较出名的大甲虫叫长戟大兜虫（右图），有些朋友可能养过，它们其实是独角仙的一类，主要生活在南美洲地区。当你在野外看到真正的长戟大兜虫在树上爬行时，一定会被震撼："哇，这么大！"

在中国，有一种大型甲虫叫“阳彩臂金龟”，民间称它“阳百万”，因为这种甲虫价值不菲。但我们要注意，阳彩臂金龟是中国的保护动物，大家看到以后切记要放生。

那么最小的甲虫有哪些呢?

有种甲虫叫缨翅甲，它们生活在蘑菇中，爱吃蘑菇的孢子。蘑菇孢子非常小，直径只有0.01毫米左右，但对于缨翅甲来说，蘑菇孢子就像馒头，可以直接吃下去。

最小的甲虫——缨翅甲

缨翅甲生活在蘑菇反面网状结构的洞里，用显微镜放大以后，我们能看见小甲虫的样子。因为它翅膀上长着像红缨枪的枪缨一样的毛，所以叫缨翅甲。

这种小甲虫获得了“地球上最小甲虫”的称号，其实每个人都可能接触过甚至吃过它。为什么？谁没吃过蘑菇？小小的甲虫住在蘑菇里，一旦你没发现，就可能把它吃进去了。

屎壳郎——圣虫与救世主

甲虫的种类非常多，漂亮的也不少。

下页展示的是一只美丽而闪耀的甲虫，它叫彩虹屎壳郎，在北美和南美都有分布，非常漂亮，种类也很多。不要小看它，虽然它臭了点，但是经过香水浸泡还是能做成工艺品。

甲虫中最出名的就是屎壳郎。屎壳郎是甲虫中的大力士，人类大力士抱一个石球就已经没有力气了，但是屎壳郎能把比身体重好几倍的粪球推得飞快。

头上有角的屎壳郎

屎壳郎的头上有各种各样的突起，有锯齿状的也有角状的。这些角突是用来处理粪便的：有的角用来把粪便切割成各种小块，有的角用来把粪便切成条状，有的角用来像叉子一样叉粪便，有的角用来铲粪便，有的角用来滚粪便……不同角突的存在就是为了方便屎壳郎吃粪便。

不要小看屎壳郎，古埃及人可是把屎壳郎作为神物，称为圣甲虫。这是为什么呢？因为从地球上看，太阳每天从东边升起又在西边落下，而沙漠中的屎壳郎推着粪球滚来滚去，人们见此一下"脑洞大开"，认为天上也有个隐形的屎壳郎，推着太阳每天滚来滚去。

古埃及人崇尚太阳，竟然有隐形的屎壳郎推着太阳这个"大粪球"滚动，那么这种屎壳郎就更令人崇敬。因此，他们就把屎壳郎称为圣甲虫。

埃及的很多装饰品、工艺品都取材于屎壳郎的形象，古埃及人甚至还将屎壳郎形象绘制在坟墓中。右图中圣甲虫的头上就顶着一个太阳。

埃及金字塔也与屎壳郎有关。屎壳郎堆出的粪堆与金字塔的形状类似，古埃及人认为屎壳郎在粪堆下死去，过一段时间后，粪堆下面竟然钻出了新的屎壳郎。它崭新发亮,比原来的屎壳郎更干净，古埃及人以为这是原来的屎壳郎复活了。

为了学习屎壳郎的复活技能，古埃及人学习屎壳郎把法老做成木乃伊，埋在金字塔下面，希望从中得到复活的力量。

粪球中的屎壳郎幼虫

实际上，埃及人的观察并不严谨，从粪堆中爬出来的并非复活的屎壳郎，而是从粪便中孵化出来的屎壳郎后代。

屎壳郎也给澳大利亚帮了很大的忙。欧洲人来到澳大利亚，带去了很多牛羊。牛羊数量大量增长，欧洲人和澳大利亚人都特别高兴，认为自己即将发财了。但还没高兴多久就暴发了瘟疫，牛羊大量死亡。后来人们发现了问题所在：草原上牛羊的粪便大量堆积，导致苍蝇数量激增，这大大增加了疾病传播的概率。为什么牛羊粪便没有被吃掉呢？难道澳大利亚没有屎壳郎吗？

其实，澳大利亚有屎壳郎。然而，屎壳郎虽然名声不太好，却是一种特别挑剔的小甲虫。第一，它只吃“新鲜出炉”的粪便；第二，不同的屎壳郎只吃对应哺乳动物的粪便。比如，有专门吃猴子或羚羊、牛、人粪便的屎壳郎，它们不能“跨界”吃粪便，否则会不舒服。人类把牛羊带到了澳大利亚，当地的屎壳郎却只吃原生动物袋鼠、考拉的粪便，不吃牛羊的粪便。

为了解决这一问题，澳大利亚派出生物学家调查研究，从欧洲、埃及、中国、北美洲都引进了屎壳郎，最后发现来自中国的屎壳郎最勤劳。这种屎壳郎叫神农洁蜣螂。它们把牛羊粪便吃得干干净净，草地变得干净整洁了，牧草再次焕发了生机，动物也可以健康地生活，最后一切都恢复到了原来的状态。

现在，澳大利亚还在当地建设了屎壳郎雕塑，以纪念屎壳郎的功德——拯救了澳大利亚的牛羊。

会放臭屁的宝石步甲

宝石步甲也被叫作活的珠宝，在几百年前，欧洲人就采集这些甲虫，用来制作珠宝。

绿步甲

在当时的欧洲，珠宝饰品由真金白银制成，只有王公贵族才戴得起。普通民众也喜爱漂亮的珠宝，可是太贵了买不起。于是，他们便将在森林里采蘑菇、采水果时发现的宝石步甲捡回去洗干净，把它们的翅膀镶嵌在耳环、项链和鞋子上面，做成装饰品。

一传十，十传百，这种风气渐渐流传开来，甚至传到了欧洲贵族耳中。这时，珠宝商人也动起了心思：既然这些甲虫如此受人喜欢，那便将它们抓起来清洗干净后做成标本，然后摆在橱柜中卖出去。于是橱柜中出现了两种珠宝：一种是矿石珠宝，如红宝石、蓝宝石、钻石；另一种则是虫子做成的珠宝。虫子珠宝也被叫作活的珠宝，或者“会走路的珠宝”。顾客买了虫子珠宝以后，出售者就会现场加工、清洗、打磨、打孔，然后挂在顾客脖子上。

工业革命后，人类发明出塑料制品和各种各样的工业原料，这些虫子珠宝就逐渐卖不出去了。但是，喜欢这些宝石步甲的人越来越多，他们就成了第一批步甲收藏家，被称为“活宝石猎人”。

他们开始在世界各地收集宝石步甲：去欧洲采集，发现了七十多种；去非洲采集，发现了一两种；去北美调查，发现了几十种。每个“收集癖”都想收集更多的种类，他们四处寻找，发现了一块宝地，那里宝石步甲的种类最多。这块宝地就是中国。

在我们的研究记录中，全世界有七百多种宝石步甲，而中国就有六百多种，是宝石步甲种类最多的国家。为什么呢？中国的地形条件特别复杂，宝石步甲主要在西南山区、秦岭山脉还有长白山脉这些地区生活，因此种类非常丰富。

因为售卖宝石步甲能得到很高利润，所以很多不法分子会来中国偷猎采集。在欧洲买卖标本的昆虫集市上出现过下图所示的拉步甲，在我国它是国家二级保护动物，在国际黑市上一对甚至能卖到上百欧元。

为了应对偷猎采集，中国将这些宝石步甲全都列为二级保护动物，不论种类，保护整个步甲家族。

两种生活在中国的宝石步甲——拉步甲（左）和硕步甲（右）

在北京大概有十一种宝石步甲，有些种类甚至在小区里都能见到。但我们要注意，它们是保护动物，看到以后可以用手机拍照观察，千万不要抓起来带走。

那么只是把它们抓起来摸一摸、看一看，然后放回去可以吗？

不建议这么做，因为宝石步甲还有一个本领。当你把它抓起来以后，它会直接朝你脸上放一个超级大臭屁，极其浓烈、恶臭，还会刺激你的神经末梢。虽然没有危险，但会让你暂时感受到刀割般的疼痛。此外，它还会产生一些化学物质，和你皮肤的蛋白质发生化学反应，在你脸上形成一种黄褐斑，至少要一个星期以后才能洗掉。所以，大家可不能小看美丽的宝石步甲的威力。

吉祥宝运之丁

下图中的昆虫叫吉丁虫，它们是中国的神虫。吉丁即“吉祥宝运之丁”的意思，人们认为佩戴这些虫子做的饰品可以增加好运。因此，古代人们也会用这些虫子的翅膀做成装饰品。

后来这门手艺流传到日本。日本人把吉丁虫叫作“玉虫”，在现代日本的博物馆里，偶尔还能见到一些用吉丁虫鞘翅做的工艺品的宝箱或宝盒，被称为“玉虫橱子”。

玉虫宝箱是日本顶级的文物。它由几万个吉丁的翅膀镶嵌而成，经过了这么长时间，还是特别漂亮。

到了现代，人类开始重新追求自然的时尚，于是人们又把这些吉丁虫还有步甲捡回来做工艺品了。在线上的珠宝、服装展览中，这种吉丁鞘翅做的首饰经常出现。也就是说，甲虫还能作为艺术品，给人提供美的感受。

仿生学灵感启迪

那么，甲虫只能供大家观赏和推粪球吗？不是的，甲虫还给人类提供了大量的仿生学灵感。

屎壳郎“出粪便而不染”

举个例子，屎壳郎经常在污浊的粪便里钻来钻去，但却能“出粪便而不染”。为什么呢? 这是因为屎壳郎的鞘翅表面有一些特殊的纳米结构，可以抗拒这些黏性物质，它们因此得以干净整洁地在粪便中穿梭，切割粪便以及吃粪便。

人类根据屎壳郎鞘翅上的这些特征，用仿生技术制造出了不粘锅、不粘菜刀还有一些自洁系统。中国科学院生物物理所就有科研人员从事这方面的开发，将从昆虫的身体结构中获得的启发应用到人类生活中去。

还有一种步甲叫“放屁虫”，也叫“加农炮甲虫”（cannon beetle）。这种步甲体内有一个非常特殊的腔室，叫爆炸混合腔。平时空着，它受到惊吓以后，就有两个腺体向腔内注射化学物质：一种是高氧化物质，一种是高还原物质。两种物质迅速在腔内发生反应，使爆炸混合腔一下子膨胀起来。

这种步甲的混合腔肌肉特别发达，就像高压锅一样绷得紧紧的。

如果突然间碰到它，它就会把喷射口打开，“嘭”的一声，浓烈的高温“大臭屁”就喷射出来了。它的温度高达100摄氏度，昆虫学家在采集时就被烫伤过。

科学家利用放屁虫身体结构的原理，研究出了火箭上的燃料系统。他们把燃料系统分解成两种类型：一种是高氧化物质，如液氧；另一种是高还原物质，如燃油。要使用时，它们才被混合在一起，然后再点燃。这是放屁虫给人类的另一种仿生学启迪。

萤火虫

萤火虫也给了人类仿生学的启迪。它是甲虫中最奇葩的一类，虽然是鞘翅目昆虫，但身体却很软。此外，萤火虫还有个特点是能够发光。小小萤火虫并不需要多少能量就能发出非常明亮的光芒，而人类的灯泡却很耗电。传统灯泡的能量利用率能达到百分之三四十就算高了，而萤火虫却能达到百分之八十以上。于是人类就根据萤火虫的发光原理，发明了各种各样的冷光源，如节能灯、LED灯等。

甲虫家族既拯救了农业，又给人美的享受，还提供了大量仿生学灵感，帮了人类很多忙，怎能不说甲虫甲天下呢?

思考一下：

1. 甲虫的翅膀与别的昆虫相比有何不同？这种不同为它们带来了什么优势？
2. 屎壳郎是怎么拯救了澳大利亚牧业的？
3. 你家里有根据甲虫身体仿生学特征制造的用品吗？它们有何原理？

演讲时间：2021.9
扫一扫，看演讲视频

从有毒动物到生化大师

罗雷
中国科学院昆明动物研究所副研究员

说到有毒动物，大家首先会想到什么呢？蛇、蜈蚣、蜘蛛、蝎子、蟾蜍是常见的有毒动物，在民间被称为“五毒”。

自然界中还存在许多有毒动物，包括低等的水蛭、水母、海葵、海胆，以及较高等的鸭嘴兽、懒猴等。这些有毒动物广泛地分布在自然界中。根据统计数据，约有57.5%的动物谱系中含有毒动物。全球约有150万种动物，其中约有22万种动物含有毒液，有毒动物占据了动物总数的约15%。

毒从哪里来？

自然界中存在如此多的有毒动物，那么这些动物为什么要产生毒液呢？

动物适应不同的自然条件，而有毒动物利用毒液捕食和防御

实际上，对动物而言，它们不仅要应对极端的寒冷、炎热等自然条件，还必须时刻警惕捕食者的威胁。在漫长的进化过程中，一些动物发展出了敏捷的速度，一些进化出了强壮的体格，还有一些进化出了多变的体色。而毒液作为一种化学武器，在有毒动物的生

存中扮演着至关重要的角色。

以蜈蚣为例，蜈蚣既没有强壮的体格，也没有敏捷的速度，不过，如果把一只重30克的小鼠和一条重2～3克的蜈蚣放在一起，不到30秒，蜈蚣就可以快速杀死小鼠。

蜈蚣及其毒液

蜈蚣毒液中的成分可以作用于猎物的受体。这些受体广泛分布在猎物的呼吸系统、心血管系统和神经系统中。比如，蜈蚣释放的毒素作用于小鼠的心血管系统和神经系统，而后发挥了毒性，高效且快速地制伏了猎物。

蜈蚣也可以利用毒液防御。蜈蚣虽小，咬到人却能引起剧烈疼痛。研究蜈蚣的毒液发现，它可以与辣椒素受体发生作用。辣椒素

蝎子利用毒素和质子的“分子组合拳”，让捕食者的痛觉反应急速提升

受体是一种特殊受体，当我们食用辣椒时，辣椒中的辣椒素与这些受体结合，就引发热、辣和疼痛等感觉。被蜈蚣注入毒液，就相当于吃了个特别辣的辣椒，会引起剧烈的疼痛反应。

动物界还存在很多利用辣椒素受体介导疼痛的现象。蝎子的毒素也会作用于辣椒素受体，引起剧烈的疼痛反应。不同的是，蝎子的毒液呈弱酸性，而辣椒素受体在弱酸性条件下处于高能状态。这种高能状态使得辣椒素受体更容易被激活。毒素把通道打开，就像要把车从山脚推上山顶，在一般条件下并不容易，而在高能状态下，车子已经在半山腰，因此更容易把它推上山顶。同样，在高能状态下，蝎毒素可以轻而易举地高效激活辣椒素受体，从而引发剧烈的疼痛反应。所以，当我们被蝎子蜇伤后，用肥皂水等碱性水清洗以减轻疼痛是有科学依据的。

蜈蚣之间也会打架，我们称之为“种内斗争”。有趣的是，蜈蚣可以杀死体重15倍于自己的猎物，却杀不死其他蜈蚣。这是因为蜈蚣的受体发生了特异性的进化。这种进化使受体和毒液结合后

蝎子

的亲和力变得非常弱，对自己的影响就很小了。

这样的例子在自然界中还有很多。眼镜蛇的毒液有剧毒，可以快速杀死猎物，但眼镜蛇毒同样杀不死眼镜蛇。这也是因为眼镜蛇的受体发生了特异性进化，使得眼镜蛇的毒液不能结合在自己的受体上。

所以，对有毒动物而言，它们的毒液进化是一把“双刃剑”：在捕食或防御时，自己的毒液应该越毒越好；对于自身，毒液的毒性要维持在一定范围内，以保障适度的种内竞争。

有了剧毒，天下无敌？

有毒动物能够利用毒液捕食、防御以及参与种内竞争，那它是不是就天下无敌、不可战胜了？答案是否定的，大自然始终是公平的。

以无尾目的两栖动物为例，它们能以有毒的蝎子为食。蝎子在捕食时会注射毒液到猎物体内，使其麻痹。然而，蝎子的毒液被注入蟾蜍体内后，并不会对蟾蜍的运动系统产生显著影响。这是因为蟾蜍的受体与蝎子毒液的结合具有低亲和力，使得毒素无法影响蟾蜍的运动系统。

加州渍螈

自然界中存在不少防毒和施毒的“军备竞赛”。加州渍螈生活在美国西海岸，它的腹部是鲜艳的橘红色。受到攻击时，它会露出自己的腹部，警告捕食者：吃掉我，你就会毒发身亡。一只加州渍螈产生的毒素可以杀死17个成年人或2.5万只老鼠。然而，束带蛇却能以它为食。

束带蛇

在漫长的进化过程中，束带蛇逐渐耐受了加州渍螈的毒素。这就意味着，只有毒性非常强的加州渍螈才能存活下来，也只有抗性非常强的束带蛇才能在饱腹的同时不被毒死。两个敌对的物种不断升级自己的竞争能力，这就是一场典型的“军备竞赛”。

致命的毒液，救命的解药

在有毒动物身上，我们看见了大自然如此奇妙而美丽。那么，这些致命毒液有没有其他用处呢？换一个角度，毒液也可以成为救命的解药。

矛头蝮蛇在南美很常见，它造成的死亡人数远高于其他毒蛇。矛头蝮蛇的毒液会引起受害者血压急剧下降，进而晕厥。正因如此，我们可以利用它的毒液研发降血压药物。

科学家在矛头蝮蛇的毒液中提取出一种多肽，并对它进行了活性改造，得到了药物卡托普利。它是第一种有效的口服降血压药物，

矛头蝮蛇

也是FDA（美国食品药品监督管理局）批准的第一种来源于毒液的药物。目前，卡托普利仍然是市面上应用最广泛的降血压药物。

吉拉毒蜥的毒液虽然不致命，但被它咬伤会引发剧痛。此外，吉拉毒蜥还是动物界的“大胃王”，因其独特的生活习性而闻名：

吉拉毒蜥

食量巨大，进食次数却极少。它每年只需进食4次，但每次都要吃掉超过自身一半体重的食物。

吉拉毒蜥暴饮暴食，却不会患上糖尿病。科学家们因此从它的唾液中发现了一种名为艾塞那肽的血糖调节肽，它正是吉拉毒蜥放纵进食却不受糖尿病困扰的关键因素。目前，艾塞那肽已被用于治疗2型糖尿病，同时还显示出治疗肥胖症的潜力。注射艾塞那肽后，人的身体会产生饱腹感，从而减少食物摄入。

神奇的活性多肽

基于有毒动物生存策略的定向挖掘技术，科学家们捕获了大量的活性多肽。

基于有毒动物的生存策略的定向挖掘技术是什么呢？来看一个简单的例子。蚂蟥吸血时，为了不被宿主察觉，它会分泌一种麻醉肽。因此，如果我们想挖掘开发麻醉类药物，蚂蟥就成为一个很好的研究对象。在实验室中，我们从各类有毒动物身上成功挖掘出了超过1300个具有抗菌、抗血栓、抗炎等多种生物学活性的多肽。

蛙类和蟾蜍等两栖动物皮肤裸露，没有鳞片或毛发，还时常面临来自天敌、紫外线和微生物的威胁。然而，令人惊奇的是，它们的皮肤却能分泌大量活性多肽，包括防御紫外线的抗氧化肽、杀灭细菌的抗菌肽，以及促进伤口愈合、不留疤痕的皮肤修复肽等。从两栖动物的皮肤中，我们成功地提取出了60多个家族、500多种活性多肽，有望为我们在抗氧化、抗菌、抗炎、镇痛以及皮肤修复等多个领域的药物研发提供新的思路。

以蚂蟥、牛虻为代表的吸血动物在吸血时，也会在唾液里分泌大量的活性多肽，以阻止血液凝固，从而延长它们的吸血时间。从

蟾蜍

它们的唾液腺中也获取了大量活性多肽，包括抗血小板多肽、抗凝血因子多肽等。这些多肽有望为研发治疗脑血栓、心肌梗死等心脑血管疾病的药物提供先导分子。

以蜈蚣、蝎子和蜘蛛为代表的产毒动物，它们的毒液中含有大量神经毒素，能够高效作用于神经系统。从蜈蚣的毒液中，我们提取出了一种具有强力镇痛效果的多肽,它的镇痛活性甚至超过吗啡。更令人惊奇的是，与吗啡不同，这种多肽并不具有成瘾性，未来或许会成为一种替代吗啡的镇痛治疗药物。

抗生素的耐药性逐渐成为不可忽视的问题，甚至是医疗卫生领域的重大挑战。从有毒动物中，我们也发现了安全、稳定性好且不易耐药的抗生素替代物。从金环蛇毒液中，我们分离出一种具有广谱的抗菌活性的BF30多肽。现在，我们已经申请了该药物的国家临床批文，正在进行相关的临床实验。

不过，我们还希望能获得活性更好、更加特异的先导分子。考虑到生产成本，我们先将这种毒素肽链变短了。毒素肽链越长，生产的代价也会越大。接着，我们以BF30为模板进行了替换和修饰，最终得到了一个多肽分子，命名为ZY4。超级细菌每年会让全球100多万人因无药可治死去，而经过测验，ZY4多肽分子可以治疗耐受多种抗生素的超级细菌。目前，我们正在进行临床使用前的研究。

有毒研究，道阻且长

经过一个多世纪的研究，人类对有毒动物的认识越来越丰富，对中毒的物理基础和作用机制也有了更全面的了解。这对于有针对性地治疗有毒动物引起的伤害具有极为重要的意义。

在长期的研究过程中，我们还发现了众多活性多肽有望成为药物研发的活性分子。但是，毒素研究领域还有很多未解之谜。比如，

金环蛇

为什么有的蛇有毒，有的却没毒呢？而且，人类对毒液的认识也远远不足。以研究最为深入的蛇毒为例，全球有超过760种毒蛇，它们大约含有6万种活性多肽，但其中人类已知的仅有约1000种。又如，人类已经识别到的蜘蛛毒素也不足蜘蛛毒素总量的1%。

此外，毒伤的救治也是全球面临的重大挑战，这需要毒素科研工作者不断努力、继续前进，寻找出更多的解决办法。

经过亿万年的进化，大自然创造了有毒动物，而人类利用它们研制出了新的药物。现在可以说，有毒动物对人类的益处远大于害处。毒物的出现，已经成为生命的另一种机会。

思考一下：

1. 为什么一些有毒动物的毒液可以杀死其他猎物，但对同类却没有杀伤力？
2. 科学家发现了哪些动物的毒液可以变成治病的解药？
3. 读完这篇文章，你对有毒动物的看法有所改变吗？跟身边的人谈一谈。

演讲时间：2021.11
扫一扫，看演讲视频

图片来源说明

18-33　讲者供图
39　下："Black Rhinoceros at Gemsbokvlakte" by Yathin S Krishnappa is licensed under CC BY-SA 3.0 DEED
40-54　讲者供图
65　讲者供图
73-76　讲者供图
77　下：讲者供图
78-81　讲者供图
84-88　讲者供图
90-107　讲者供图
112-120　讲者供图（摄影：王小强、王丁、王克雄、王正扬、李松海）
121　引自 Slabbekoorn 等，2010
122-124　讲者供图（摄影：王克雄、王小强）
128-143　讲者供图
144　"Ecoduct Nationaal Park Hoge Kempen Belgium" by Paul Hermans is licensed under CC BY-SA 3.0 DEED
148　讲者供图
150-159　讲者供图
165　讲者供图
166　左："Titan beetle (Titanus giganteus) found by Jean NICOLAS" by Bernard DUPONT is licensed under CC BY-SA 2.0 DEED　右："Dynastes hercules ecuatorianus MHNT" by Didier Descouens is licensed under CC BY-SA 4.0 DEED
167　左："2009-05-12 Neofavolus alveolaris 1" by Andreas Kunze is licensed under CC BY-SA 3.0 DEED
168　上："Phanaeus vindex - Rainbow Scarab Beetle - Oklahoma" by Thomas Shahan is licensed under CC BY 2.0 DEED　下："Native Australian dung beetle. Restricted to South Australia and far western Victoria." by CSIRO is licensed under CC BY 3.0 DEED
169　下："Sarcofago interno di Tamit BCH3065" by Museo Egizio is licensed under CC BY 2.5 DEED
172-173　讲者供图
174　"Jewel Beetles Collection" by Bernard DUPONT is licensed under CC BY-SA 2.0 DEED
177　"A firefly/lightning bug illuminating its abdomen while lying on its back after being wounded by a cat in the Franklin Farm section of Oak Hill, Fairfax County, Virginia" by Famartin is licensed under CC BY-SA 4.0 DEED
182　鼩鼱："Shrew (Crocidura sp) 01" by Lies Van Rompaey on iNaturalist is licensed under CC BY 4.0 DEED　吸血蝠："Desmodus rotundus A Catenazzi" by Acatenazzi at English Wikipedia is licensed under CC BY-SA 3.0 DEED　芋螺："Conus litteratus (lettered cone snail)" by James St. John is licensed under CC BY 2.0 DEED
184-185　讲者供图
187-189　加州渍螈："Taricha torosa by Connor Long is licensed under CC BY-SA 3.0 DEED"
矛头蝮蛇："Bothrops atrox by Cataloging Nature is licensed under CC BY 2.0 DEED"
192　金环蛇："Bungarus fasciatus by Tontan Travel is licensed under CC BY-SA 2.0 DEED"

其他图片来源：pixbay、站酷海洛、公共版权图片等